高等职业教育教材

服装款式图电脑绘制
校企合作新形态活页教材

郭淑华　王一焱　主编　张　睿　万　里　金　蕊　副主编

化学工业出版社

·北京·

内容简介

本书依照目前服装行业发展方向及岗位技能需求，以提升读者在服装款式图电脑绘制方面的知识和技能为目标，结合企业真实案例，以项目的方式，根据项目难度，较为全面系统地涵盖了服装行业最典型的款式图电脑绘制的实际案例。本书共包含17个实训任务，采用活页的形式独立讲解，将学习者的自我探索、技能体验和教学评价紧密结合，体现"做中学，学中做"的思维，具有较强的实用性。

本书图解丰富，结合数字化资源充分保证每个实训任务的教学效果。本书既可以作为高等院校服装类相关专业的教材，也可以作为社会培训、企业培训和相关从业者的学习用书。

图书在版编目（CIP）数据

服装款式图电脑绘制/郭淑华，王一焱主编. —北京：化学工业出版社，2023.2

校企合作新形态活页教材

ISBN 978-7-122-42557-7

Ⅰ. ①服… Ⅱ. ①郭…②王… Ⅲ. ①服装款式-款式设计-效果图-计算机辅助设计-图象处理软件-高等学校-教材 Ⅳ. ①TS941.26

中国版本图书馆CIP数据核字（2022）第216194号

责任编辑：蔡洪伟		装帧设计：张　辉	
责任校对：王　静			

出版发行：化学工业出版社
　　　　　（北京市东城区青年湖南街13号　邮政编码100011）
印　　装：中煤（北京）印务有限公司
787mm×1092mm　1/16　印张9¾　字数216千字
2023年3月北京第1版第1次印刷

购书咨询：010-64518888　　　　售后服务：010-64518899
网　　址：http://www.cip.com.cn
凡购买本书，如有缺损质量问题，本社销售中心负责调换。

定　　价：48.00元　　　　　　　　版权所有　违者必究

编写人员名单

主　编　郭淑华（常州纺织服装职业技术学院）
　　　　王一焱（常州纺织服装职业技术学院）

副主编　张　睿（常州华丽达服装集团有限公司）
　　　　万　里（常州纺织服装职业技术学院）
　　　　金　蕊（常州纺织服装职业技术学院）

参　编　孙　滨（红豆实业股份有限公司）
　　　　刘志伟（晨风集团）
　　　　朱建龙（海澜之家集团股份有限公司）

前言
PREFACE

　　服装产业是我国国民经济的传统支柱产业，重要的民生产业，国际竞争优势明显的产业和高新技术应用产业。改革开放四十多年来，中国服装产业以集群为依托，以提高科技贡献率和品牌贡献率为手段，得到了快速发展，已连续十几年作为全球最大的服装生产国、出口国和消费国。在发展经济、国际贸易、改善民生等方面，扮演了重要角色，发挥了关键作用。经过多年的发展，中国服饰行业已从外延扩张式为主的快速发展阶段步入内生式为主的优化发展阶段，服装产业结构完善。服装国内业务除了满足内部需求市场外，也具备满足国外设计订单需求的能力，行业对产业人才资源的要求也逐年提高。能否为服装产业输送适应能力强、具备过硬专业知识和技能的人才，对高等教育尤其是高等职业教育提出了很高的要求。

　　服装款式图电脑绘制是服装设计类从业人员的必修课程之一，也是必备技能之一。所有服装企业产品开发部门都要求设计师具备款式图电脑绘制的能力，这项技能成了入职服装设计公司的硬性条件之一。本书根据教师多年的一线教学经验，结合企业真实工作任务对服装款式图电脑绘制需要学习的重点知识和技能进行了充分的调研分析，以独立项目的方式确定了教材内容。本书介绍了CorelDRAW 2019与服装款式图绘制相关的工具与功能，还讲述了服装部件和局部款式设计、单件服装的款式设计、服装图案设计及图案在服装设计上的应用。

　　全书由17个实训任务组成，分成3个项目进行，各部分内容简要介绍如下。

　　• 第一个项目是"CorelDRAW 2019软件的介绍"，包含3个具体实训任务，分别是：CorelDRAW 2019软件的基本情况、CorelDRAW 2019软件的操作界面、CorelDRAW2019工具的使用。

　　• 第二个项目是"CDR服装部件和局部款式图绘制"，包含4个具体的实训任务，分别是：服装部件——衣领的款式图绘制、服装部件——口袋的款式图绘制、服装部件——蝴蝶结的款式图绘制、服装部件——服装辅料局部款式图的绘制。

• 第三个项目是"CDR服装款式图绘制"，包含10个具体的实训任务，分别是：女士半裙的款式图绘制、瑜伽裤的款式图绘制、女士上衣的款式图绘制、设计款西装外套的款式图绘制、落肩夹克外套的款式图绘制、插肩袖连帽假两件卫衣的款式图绘制、连衣裙的款式图绘制、毛领夹克的款式图绘制(企业实例)、大衣的款式图绘制、印花抹胸小礼服裙的款式图绘制(企业实例)。

本书内容是编者多年教学与实践经验的总结，结合了企业的实际任务和案例，在教材编写过程中充分考虑了教学的实用性。由于作者水平有限，经验不足，书中难免有不当之处，衷心希望服装专业教师、设计人员、同行、专家和广大读者批评指正，以便进一步提高和完善，共同为服装设计事业做出贡献，感谢为本书编写给予指导意见和帮助的所有企业专家、教育界专家和同事。

郭淑华　王一炎

2022年10月于常州纺织服装职业技术学院

目录
CONTENTS

课程概述　/ I

项目 1　CoreIDRAW 2019 软件的介绍　/ 1-0-1

- 实训任务 1.1　CorelDRAW2019 软件的基本情况　/ 1-1-1
- 实训任务 1.2　CorelDRAW2019 软件的操作界面　/ 1-2-1
- 实训任务 1.3　CorelDRAW2019 工具的使用　/ 1-3-1

项目 2　CDR 服装部件和局部款式图绘制　/ 2-0-1

- 实训任务 2.1　服装部件——衣领的款式图绘制　/ 2-1-1
- 实训任务 2.2　服装部件——口袋的款式图绘制　/ 2-2-1
- 实训任务 2.3　服装部件——蝴蝶结的款式图绘制　/ 2-3-1
- 实训任务 2.4　服装部件——服装辅料局部款式图的绘制　/ 2-4-1

项目 3　CDR 服装款式图绘制　/ 3-0-1

- 实训任务 3.1　女士半裙的款式图绘制　/ 3-1-1
- 实训任务 3.2　瑜伽裤的款式图绘制　/ 3-2-1
- 实训任务 3.3　女士上衣的款式图绘制　/ 3-3-1
- 实训任务 3.4　设计款西装外套的款式图绘制　/ 3-4-1
- 实训任务 3.5　落肩夹克外套的款式图绘制　/ 3-5-1

● ● ● 实训任务 3.6　插肩袖连帽假两件卫衣的款式图绘制　/ 3-6-1

● ● ● 实训任务 3.7　连衣裙的款式图绘制　/ 3-7-1

● ● ● 实训任务 3.8　毛领夹克的款式图绘制（企业实例）　/ 3-8-1

● ● ● 实训任务 3.9　大衣的款式图绘制　/ 3-9-1

● ● ● 实训任务 3.10　印花抹胸小礼服裙的款式图绘制

（企业实例）　/ 3-10-1

附录　CorelDRAW 快捷键　/ 4-1

参考文献　/ 5-1

（页码编排说明：本书为活页式印刷，为方便每个实训任务单独取下使用，将每个实训任务的页码按"*-*-1"的形式进行编排）

二维码资源目录

序号	标题	资源类型	页码
1	基础操作	视频	1-2-5
2	翻领	视频	2-1-12
3	西装领	视频	2-1-12
4	蝴蝶结	视频	2-3-6
5	拉链	视频	2-4-10
6	运动卡扣	视频	2-4-10
7	半裙	视频	3-1-4
8	瑜伽裤	视频	3-2-4
9	上衣	视频	3-3-8
10	设计款西装	视频	3-4-7
11	落肩夹克	视频	3-5-7
12	插肩袖连帽假两件卫衣	视频	3-6-10
13	连衣裙	视频	3-7-8
14	大衣	视频	3-9-7
15	礼服	礼服	3-10-7

课程概述

CorelDraw 服装款式图电脑绘制是服装行业产品开发过程中的重要环节之一。在服装企业中，服装设计师按照自己的设计草图或者效果图，通过 CorelDraw 绘制出具体的款式矢量图，以落实所设计服装的正、背视图的款式特征及结构细节。款式图需要清晰体现款式的轮廓线、结构线、工艺线、辅料、图案等，展示正确的比例特征，并且注重美观性。相对于服装效果图，款式图的绘制要求要严谨得多。在服装产品开发过程中，款式图是纸样师进行服装结构设计的重要指导文件，所以要求清晰、明确地体现款式特征、结构特征和细节比例。

1.1 课程性质

"CorelDraw 服装款式图电脑绘制"是一门基于服装行业产品开发过程中的款式设计这一环节设计开发的应用领域课程，是服装设计类专业的核心课程之一。

适用专业：服装设计与工程、服装与服饰设计。

开设时间：第一学期。

建议课时：44 学时。

1.2 课程模式

《CorelDraw 服装款式图电脑绘制》采用"工作任务式"课程模式，基于服装企业中款式图的应用环节，结合实际工作任务进行教学。教材分为"CorelDRAW2019 软件介绍"和"CorelDRAW2019 款式图绘制"两个主要部分，其中第一个部分主要介绍软件的基础知识和常用工具的使用，第二个部分主要介绍实际实训任务。每节课包含"学习情境描述、学习目标、任务书、任务实施、小提示、评价反馈、学习情境的相关知识点"等 7 个环节。

1.3 课程学习目标

通过本课程的学习，你应该能够：

（1）正确使用 CorelDRAW 的各款工具；

（2）正确使用 CorelDRAW 的各款工具合理绘制款式图；

（3）灵活使用 CorelDRAW 设计服装款式、图案。

1.4　学习形式与方法

　　教师根据实际工作任务设计教学情境，激发学生对知识、技能等进行自我摸索、研究的能力，即教师的角色是集策划、分析、辅导、评估和激励于一身的传授者。学生则通过教师的引导和任务书中的提示，自主探索，完成任务，即学生的角色是主体性学习者，应主动思考、自己决定、独立计划、实际动手操作和自我总结。本课程倡导行动导向式教学，即教师通过问题的引导促进学生进行主动的思考和学习。在学生独立完成任务、做出自我总结的基础上，教师评价任务，并梳理知识脉络和重点。另外，学生可在课后通过扫描活页教材中每个重点难点任务的数字化教学资源二维码，复习和夯实完成任务的过程和知识。

1.5　教材使用意见

　　活页教材中每个实训任务的内容和页码都是独立的，教师可以根据学生对知识和技能的掌握情况调整每次课程的内容，也可以根据每个实训任务的难度调整教学顺序，还可以根据具体情况对实训任务进行实时的补充和调整。学生在课前预习时，可以试着进行自我探索，通过每个任务的引导问题来明确每个绘图任务的绘制要点；也可以在课后复习时，通过回答每个任务的引导问题来检验自己对知识和技能的掌握情况。每个实训任务中的学生评价和教师评价部分可以通过分数来呈现学生对自身知识和技能掌握程度的主观评价及教师对学生知识和技能掌握程度的客观评价。最后的相关知识点部分，会对每个实训任务所涉及的所有知识和技能进行梳理。

CorelDRAW2019
软件的介绍

服装款式图电脑绘制

笔记

实训任务 1.1
CoreIDRAW2019 软件的基本情况

1. 学习情境描述

CorelDRAW 是由加拿大渥太华的 Corel 公司开发的一款矢量图编辑软件，是目前全球最受欢迎的矢量图设计软件之一。1984年，迈克尔·考普兰（Michael Cowpland）博士创立了 Corel 公司并且雇请了软件工程师米歇尔·伯利昂（Michel Boullion）和帕特·贝尔尼（Pat Beirne）开发一个基于矢量图形的程序包。1989年，Corel 公司发布了第一款 CorelDRAW——CorelDRAW 1.0，它引入了全彩矢量插图和版面设计程序，在计算机图形领域掀起了一场技术革新的浪潮。经过多年的技术创新，CorelDRAW 软件已经更新到了 2019 版本，未来还会继续开发出新的版本。本教材采用 CorelDRAW2019 版本进行服装款式设计方面的教学。在此学习情境下，学生开始入门探索任务（图 1.1.1）。

图 1.1.1

2. 学习目标

（1）认识 CorelDRAW 软件。
（2）明确 CorelDRAW 软件的用途。
（3）明确矢量图和位图的区别。
（4）了解服装行业常用的矢量图软件和位图软件的类别。
（5）明确 CorelDRAW2019 新建文件页面的相关参数。

3. 任务书

打开软件 CorelDRAW2019（图 1.1.2），新建一个文档。自行查阅资料，解读新建文档弹窗（图 1.1.3）中的一些专业名词和参数，探索新建文档时所涉及的基本参数，并回答任务实施中的几个引导问题。

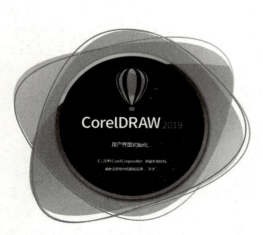
图 1.1.2

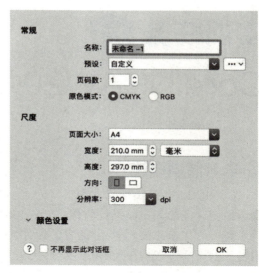
图 1.1.3

4. 任务实施

引导问题 1： 什么是矢量图？常用于绘制矢量图的软件有哪些？

引导问题 2： 矢量图和位图的区别是什么？

引导问题 3： 自行查阅资料，与同学讨论 CorelDRAW 软件一般用于哪些行业、在服装行业多用来进行什么工作。

引导问题 4： 新建文档弹窗中的"原色模式"指的是什么？CMYK 和 RGB 分别是什么意思？二者有什么区别？

引导问题 5： 新建文档弹窗中的"分辨率"是什么意思？"dpi"是什么意思？

项目 1　CorelDRAW2019 软件的介绍

5. 小提示

Photoshop 是最常用的绘制位图的软件，其颜色模式同样存在 RGB 和 CMYK 两种。

6. 评价反馈

学生进行自评：能够正确回答任务实施中的引导问题，是否有清晰的自学和查阅资料的方向，能否在查阅资料和解决问题的过程中有所创新。学生自评打分填入表 1.1.1 中，教师评分填入表 1.1.2 中。

表 1.1.1　学生自评

班级：		姓名：	学号：		
实训任务 1.1		CorelDRAW2019 软件的基本情况			
评价项目		评价标准		分值	得分
考勤（30%）		无迟到、早退、旷课现象，课堂表现好		100	
工作过程（70%）	软件认知	能正确认识 CorelDRAW2019 软件适用的行业和具体工作		10	
	作图认知	能清晰区分矢量图和位图，清楚两种图像模式的适用环境		10	
	参数认知	能理解 CorelDRAW2019 新建文档弹窗中基本参数的含义，清楚 CMYK 和 RGB 的意思和区别，清楚分辨率的意义		20	
	自我提问	有明确的自学方向，能根据工作任务的启发有逻辑地发现问题		20	
	查阅能力	有明确的查阅方向和查阅渠道		20	
	发散思维	可在查阅文图和解决问题的过程中受到新事物的启发		20	
合计				100	

表 1.1.2　教师评价

班级：		姓名：	学号：		
实训任务 1.1		CorelDRAW2019 软件的基本情况			
评价项目		评价标准		分值	得分
考勤（30%）		无迟到、早退、旷课现象，课堂表现好		100	
工作过程（70%）	软件认知	能正确认识 CorelDRAW2019 软件适用的行业和具体工作		10	
	作图认知	能清晰区分矢量图和位图，清楚两种图像模式的适用环境		10	
	参数认知	能理解 CorelDRAW2019 新建文档弹窗中基本参数的含义，清楚 CMYK 和 RGB 的意思和区别，清楚分辨率的意义		20	
	自我提问	有明确的自学方向，能根据工作任务的启发有逻辑地发现问题		20	
	查阅能力	有明确的查阅方向和查阅渠道		20	
	发散思维	可在查阅文图和解决问题的过程中受到新事物的启发		20	
合计				100	

1-1-3

7. 学习情境的相关知识点

知识点 1　CorelDRAW 与矢量图

（1）CorelDRAW 绘制的计算机图像

CorelDRAW 是一款常用的矢量制图软件。设计师通过 CorelDRAW 将其设计方案以计算机图像的形式呈现出来。矢量图是由一条条的直线和曲线构成的，在填充颜色时，系统会按照用户指定的颜色沿图形的轮廓线边缘进行着色处理。矢量图的颜色与分辨率无关，图形被缩放时，对象能够维持原有的清晰度以及弯曲度，颜色和外形都不会发生偏差和变形（图 1.1.4）。

图 1.1.4

从画面上看，矢量图有几个比较明显的特征：画面内容多以图形出现，造型随意不受限制，图形边缘清晰锐利，可供选择的色彩范围广，但颜色适用相对单一，放大/缩小图像不会变得模糊。所以，矢量图常用于标志设计、广告设计、书籍装帧设计、包装设计、UI 设计、插画设计、服装款式图设计、服装效果图绘制等。常用于绘制矢量图的软件除了 CorelDRAW 以外，还有 Adobe 公司的 Illustrator（图 1.1.5）。

图 1.1.5

（2）CorelDRAW 文件的格式

正常情况下，CorelDRAW 文件保存的格式为 *.cdr，而且可以选择保存 *.cdr 的版本（图 1.1.6）。CorelDRAW 也可以将所绘制的图形导出为 AI、BMP、CAL、CGM、CMX、CPT、CUR、DWG、DXF、EPS、GIF、ICO、JPG、MAC、PCX、PDF、PLT、PNG、PSD、RTF、SCT、SVG、SVGZ、TGA、TIF、TXT、WPG、XPM 类

型的文件。对于服装款式设计而言，最常用的格式除了 *.cdr 以外，还有 AI、JPG、PDF、TIF 等各种格式的具体用途将在后续课程中进行详述。

图 1.1.6

知识点 2　矢量图与位图的区别

与矢量图相对应的是位图，如使用相机拍摄的照片就是非常典型的位图图像。位图是由一个个有颜色的小方块，也就是像素点构成的，将画面放大到一定的显示比例，就可以看到这些"小方块"，每个"小方块"都是一个"像素"。通常所说的图片尺寸为 500 像素 ×500 像素，就表明画面的长度和宽度上均有 500 个这样的"小方块"，将位图图像放大到较大的显示比例，就会看到这些"像素"。位图的清晰度与尺寸和分辨率有关，如果强行将位图尺寸增大，会使图像变得模糊，从而影响画面质量（图 1.1.7）。

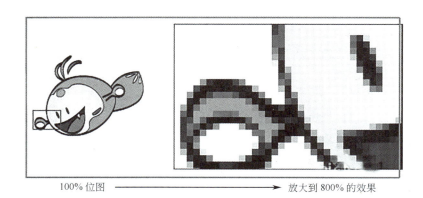

图 1.1.7

因此，矢量图与位图最大的区别就是：位图放大到一定程度，图片会变得模糊；而矢量图无论放大多大比例，都不会造成图片模糊。还有一个区别就是：两者图像的真实度不同。位图是由超多像素点构成的，它有着足够多的不同色彩的像素，可以制作出色彩丰富的图像，逼真地表现自然界的景象；而矢量图难以表现色彩层次丰富的逼真的图像效果，无法制作出色彩艳丽、复杂多变的图像。另外一个区别就是保存或者导出时的文件类型不同。位图的文件类型很多，如 *.bmp、*.pcx、*.gif、*.jpg、*.tif、Photoshop 的 *.psd 等；矢量图文件类型也很多，如 Adobe Illustrator 的 *.AI、*.EPS、SVG、AutoCAD 的 *.dwg 和 DXF、Corel DRAW 的 *.cdr 等。

知识点 3　颜色模式

我们眼中的颜色是通过眼、脑和生活经验所产生的一种对光的视觉效应。而对于 Photoshop、Illustrator 等软件程序，以及计算机显示器、数码相机、电视机和打印机等硬件设备，颜色是数值和数学模型。

颜色模型是用数值来描述颜色的数学模型（图 1.1.8）。它将自然界中的颜色数字化，使我们可以在数码相机、扫描仪、计算机显示器、打印机等设备上获取和呈现颜色。了解数字化颜色，对我们更好地使用 Photoshop 进行颜色的调配、编辑都是非常有帮助的。

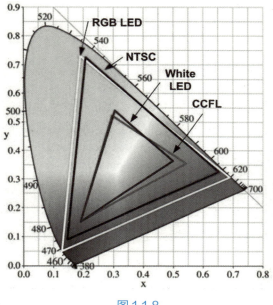

图 1.1.8

在 CorelDRAW 中，新建文件的颜色模式可设置成 RGB 和 CMYK。如果文档用于打印，就需要设置为 CMYK，如书籍、户外广告等；如果文档用于在计算机、电视机、手机等电子显示屏上显示，则需要设置为 RGB，如网页设计、软件界面设计等。

虽然可见光的频率有一定的范围，但我们在处理颜色时并不需要单独表示每一种频率的颜色。因为自然界中所有的颜色都可以用红、绿、蓝（RGB）这三种颜色以不同的频率组合而成，因此这三种颜色常被人们称为三基色或三原色。有时候我们也称三基色为添加色（Additive Colors），这是因为当我们把不同光的频率组合到一起的时候，得到的是更加明亮的颜色。把三基色交互重叠，就产生了次混合色：黄

（Yellow）、青（Cyan）、紫（Purple）。这同时也引出了互补色（Complement ary Colors）的概念。基色和次混合色是彼此的互补色。例如青色由蓝色和绿色构成，而红色是缺少的一种颜色，因此青色和红色就构成了彼此的互补色。在数字视频中，对 RGB 三基色各进行 8 位编码就构成了大约 1677 万种颜色，这就是我们常说的真彩色。比如，电视机和计算机的监视器都是基于 RGB 颜色模式创建其颜色的。CMYK 模式是一种印刷模式，其中四个字母分别指青（Cyan）、洋红（Magenta）、黄（Yellow）、黑（Black），在印刷中代表四种颜色的油墨。CMYK 模式在本质上与 RGB 模式没有区别，只是产生色彩的原理不同。在 RGB 模式中是由光源发出的色光混合产生色彩，而在 CMYK 模式中是由光线照到有不同比例 C、M、Y、K 油墨的纸上，部分光谱被吸收后，反射到人眼的光产生色彩。由于 C、M、Y、K 在混合成色时，随着 C、M、Y、K 四种成分的增多，反射到人眼的光会减少，光线的亮度也会降低，所以 CMYK 模式产生色彩的方法又称为色光减色法。

知识点 4　渲染分辨率

在不同情况下分辨率需要进行不同的设置。一般印刷品分辨率为 150 ～ 300dpi，高档画册分辨率为 500dpi 以上，大幅喷绘广告 1 米以内分辨率为 70 ～ 100dpi，巨幅喷绘广告分辨率为 25dpi，多媒体显示图像分辨率为 72dpi。当然，分辨率的数值并不是一成不变的，需要根据计算机以及印刷精度等实际情况进行设置。

DPI（Dots Per Inch，每英寸点数）是一个量度单位，用于点阵数码影像，指每一英寸长度中，取样、可显示或输出点的数目，可描述分辨率。

服装款式图电脑绘制

笔记

实训任务 1.2
CorelDRAW2019 软件的操作界面

1. 学习情境描述

打开 CorelDRAW2019 软件，新建一个空白文档，进入软件的操作界面，此时 CorelDRAW2019 的全貌才得以呈现。仔细查看操作界面的每个细节，熟悉、探索其功能。CorelDRAW2019 的操作界面主要由菜单栏、标准工具栏、属性栏、工具栏、绘图页面（绘图区）、泊坞窗（也常被称为面板）、调色板以及状态栏组成（图 1.2.1）。

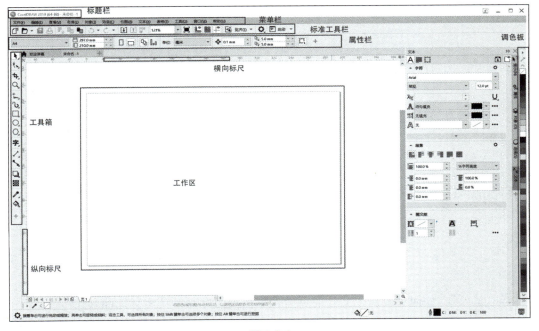

图 1.2.1

2. 学习目标

（1）明确菜单栏中各菜单项下拉菜单的内容。
（2）明确工具栏各隐藏工具的位置。
（3）明确常用工具的名称。
（4）尝试使用工具，熟悉界面的基本操作。

3. 任务书

打开 CorelDraw2019 软件，新建一个空白文档，对软件的操作界面进行了解。分别单击菜单栏中的菜单项，查看每个菜单项下拉菜单中的内容；熟悉工具栏中的各个工具，探索各个工具的使用方式，并查看每个工具在选中状态下，属性栏和标准工具栏的变化；探索软件的基本操作。在探索的过程中，尝试回答任务实施中的几个引导问题。

4. 任务实施

引导问题 1： 如果想要"打开"文档，或者想要再"新建"一个文档，应该怎样操作？是否有快捷操作方式？（提示：快捷键 / 图标）

引导问题 2： "保存""另存为"和"导出""导出为"有什么区别？

引导问题 3： 在作图过程中经常会有错误出现，返回上一步或者返回之前的几部应该如何操作？"剪切""复制"和"粘贴"分别应该如何操作？是否有快捷操作方式？

引导问题 4： 在服装款式绘制过程中，往往需要水平、垂直的辅助线，这种辅助线应该如何绘制？

引导问题 5： 如何更改新建文件的页面大小和页面方向？具体有几种方式？

引导问题 6： 各种工具的泊坞窗应该从哪里调出？

引导问题 7： 用 Coreldraw2019 绘制矢量图时，也是分图层的。什么是图层？如何调整元素之间的图层关系？

项目 1　CorelDRAW2019 软件的介绍

引导问题 8： 在绘图区如何调整页面视图大小？如何调整页面位置？

5. 小提示

（1）CorelDRAW 矢量绘图和 Photoshop 的位图处理都有图层功能。

（2）在 CorelDRAW2019 矢量绘图过程中，很多常用的操作都是有快捷方式的。灵活作用快捷键，会使绘图过程流畅、高效。

6. 评价反馈

学生进行自评：能否正确回答任务实施中的引导问题，是否有清晰的自学和查阅资料的方向，能否在查阅资料和解决问题的过程中有所创新。学生自评打分填入表 1.2.1 中，教师评分填入表 1.2.2 中。

表 1.2.1　学生自评

班级：	姓名：　　　　　　　　　　　　学号：		
实训任务 1.2	CorelDRAW2019 软件的操作界面		
评价项目	评价标准	分值	得分
软件认知	能正确认识 CorelDRAW2019 软件的操作界面和功能分区	10	
操作认知	能熟悉软件的规范性操作，并能适当使用快捷键	30	
自我提问	有明确的自学方向，能根据工作任务的启发有逻辑地发现问题	20	
查阅能力	有明确的查阅方向和查阅渠道	20	
发散思维	可在查阅文图和解决问题的过程中受到新事物的启发	20	
合计		100	

表 1.2.2　教师评价

班级：	姓名：　　　　　　　　　　　　学号：			
实训任务 1.2	CorelDRAW2019 的操作界面			
评价项目	评价标准		分值	得分
考勤（30%）	无迟到、早退、旷课现象，课堂表现好		100	
工作过程（70%）	软件认知	能正确认识 CorelDRAW2019 软件的操作界面和功能分区	10	
	操作认知	能熟悉软件的规范性操作，并能适当使用快捷键	30	
	自我提问	有明确的自学方向，能根据工作任务的启发有逻辑地发现问题	20	
	查阅能力	有明确的查阅方向和查阅渠道	20	
	发散思维	可在查阅文图和解决问题的过程中受到新事物的启发	20	
合计			100	

1-2-3

7. 学习情境的相关知识点

知识点 1　菜单栏

▶CorelDRAW2109 的菜单栏中包含多个菜单项，单击某个菜单项，即可打开相应的下拉菜单。每个下拉菜单中都包含多个命令，有些命令后方带有▶符号，表示该命令还包含多个子命令；有些命令后方带有一连串的"字母"，这些"字母"就是该命令的快捷键。例如，"文件"菜单下的"新建"命令后方显示着"Ctrl+N"，那么同时按下键盘上的 Ctrl 键和 N 键即可快速使用该命令（图 1.2.2）。

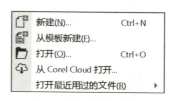

图 1.2.2

"保存"命令只是将文件保存成 CorelDRAW 软件默认的文件格式，此后文件也只能在 CDR 中使用，其快捷键是 Ctrl+S；"另存为"命令是将操作文件以想要的格式保存下来，比如 AI、PDF 等格式，其快捷键是 Ctrl+Shift+S；"导出"命令可以改变文件的保存格式，有多种格式可供选择，尤其是可以导出为 JPG 位图的格式，其快捷键是 Ctrl+E；"导出为"命令可将操作内容导出为 PNG（便携式网络图形）格式。

知识点 2　标准工具栏

标准工具栏中的许多工具在菜单栏项目下也可以找到。软件设计者为了方便用户使用，将其放在了标准工具栏中。常用的工具和选项有：新建、打开、保存、打印、剪切、复制、粘贴、撤销、重做、导入、导出、应用程序启动器、CorelDRAW 在线、缩放级别等。

知识点 3　属性栏

属性栏与各个工具的使用和操作相联系。选择一个工具或进行一项操作，即会显示一个相应的属性栏。通过属性栏，用户可以对选择的对象进行属性设置和操作。选择的对象不同、进行的操作不同，其属性栏的形式不同，可设置的属性也不同。因此，属性栏的数量和形式多种多样。常用的属性栏包括选择工具属性栏，造型工具属性栏，缩放工具属性栏，手绘工具属性栏，矩形、椭圆、多边形、基本形状属性栏，文字属性栏，交互式工具属性栏等。

图纸的属性与设置：单击图标，不选择任何对象时，该属性栏显示的是当前图纸的属性，用户可以通过属性栏对图纸的规格、宽度、高度、方向、绘图单位、再制偏移、对齐网格、对齐辅助线、对齐对象等属性进行设置（图 1.2.3）。

项目 1　CorelDRAW2019 软件的介绍

图 1.2.3

知识点 4　软件的基本操作

剪切——Ctrl+X；复制——Ctrl+C；粘贴——Ctrl+V；鼠标滚轮默认为工作界面的放大与缩小，按住滚轮（或按 H 键）拖曳可移动操作界面。

建立辅助线的方式：可直接按住鼠标左键从标尺处拖曳出水平或垂直的蓝色虚线作为辅助线，横、纵向标尺辅助线的建立方法相同。单击辅助线使其变为红色，此时按 Delete 键可进行删除。可以单击"菜单栏＞泊坞窗＞辅助线"调出辅助线泊坞窗（图1.2.4），设置辅助线的线迹样式、线迹颜色、线迹角度等参数；也可以双击已建好的辅助线，此时会出现图 1.2.5 所示中心点和旋转符号，按住鼠标左键拖曳旋转符号可调整辅助线角度。

图 1.2.4

图 1.2.5

服装款式图电脑绘制

📝 笔记

项目 1　CorelDRAW2019 软件的介绍

实训任务 1.3

CorelDRAW2019 工具的使用

1. 学习情境描述

　　服装款式图主要需运用 CorelDRAW2019 绘制其线稿，请大家探索软件工具箱中的哪些工具是用来绘制线稿的、应该如何使用。

2. 学习目标

　　（1）明确 CorelDRAW2019 软件中用来绘制线稿的工具的位置。
　　（2）明确 CorelDRAW2019 软件中用来绘制线稿的工具的使用方法。

3. 任务书

　　打开 CorelDraw2019 软件，新建一个空白文档。在左侧工具箱中分别尝试相应工具，寻找能够用来绘制线稿的工具。在探索的过程中，尝试回答任务实施中的引导问题。

4. 任务实施

引导问题 1： 绘制服装款式图最主要的就是绘制线稿，哪些工具是用来绘制线稿的？

引导问题 2： 图标☑代表的是什么工具？其下拉菜单中还有哪些工具？

引导问题 3： 图标☑所代表的工具如何使用？其属性栏中有哪些内容需要设置？

1-3-1

引导问题 4： 用 CorelDRAW2019 软件绘制矢量图的过程中，能否填充颜色？什么情况下不可以填充颜色？试着操作一下。

引导问题 5： 图标⬚代表的是什么工具？其下拉菜单中还有哪些工具？

引导问题 6： 图标⬚所代表的工具是用来做什么的？如何操作？其属性栏中有哪些内容需要设置？

引导问题 7： 图标⬚代表的是什么工具？其下拉菜单中还有哪些工具？

引导问题 8： 图标⬚所代表的工具如何使用？其属性栏中有哪些内容需要设置？

引导问题 9： 图标⬚代表的是什么工具？其下拉菜单中还有哪些工具？

引导问题 10： 图标⬚代表的是什么工具？在哪里可以找到？

引导问题 11： 图标⬚代表的是什么工具？怎样使用？其属性栏中有哪些内容需要设置？

项目 1　CorelDRAW2019 软件的介绍

引导问题 12： 图标□代表的是什么工具？怎样使用？其属性栏中有哪些内容需要设置？

引导问题 13： 图标✎代表的是什么工具？怎样使用？其属性栏中有哪些内容需要设置？

引导问题 14： 如何给封闭图形快速填充颜色？

引导问题 15： 如何将两个相交的闭合图形结合成一个完整的图形？

5. 小提示

（1）用 CorelDRAW2019 软件绘制款式图线稿时需要形成闭合图形才能填充颜色。

（2）贝塞尔工具是最常用的绘制线稿的工具。

6. 评价反馈

学生进行自评：能否正确回答任务实施中的引导问题。学生自评打分填入表 1.3.1 中，教师评分填入表 1.3.2 中。

表 1.3.1　学生自评

班级：	姓名：　　　　　　　　　　学号：		
实训任务 1.3	CorelDRAW2019 工具的使用		
评价项目	评价标准	分值	得分
软件认知	明确软件界面上相关工具和指令的位置	10	
操作认知	能熟练操作与绘制款式图相关的工具	30	
自我提问	有明确的自学方向，能根据工作任务的启发有逻辑地发现问题，进行自我练习	20	
查阅能力	有明确的查阅方向和查阅渠道	20	
发散思维	可在查阅文图和解决问题的过程中受到新事物的启发	20	
合计		100	

服装款式图电脑绘制

表 1.3.2　教师评价

班级：		姓名：	学号：		
实训任务 1.3		CorelDRAW2019 工具的使用			
评价项目		评价标准		分值	得分
考勤（30%）		无迟到、早退、旷课现象，课堂表现好		100	
工作过程（70%）	软件认知	明确软件界面上相关工具和指令的位置		10	
	操作认知	能熟练操作与绘制款式图相关的工具		30	
	自我提问	有明确的自学方向，能根据工作任务的启发有逻辑地发现问题，自我练习		20	
	查阅能力	有明确的查阅方向和查阅渠道		20	
	发散思维	可在查阅文图和解决问题的过程中受到新事物的启发		20	
合计				100	

7. 学习情境的相关知识点

知识点 1　　选择工具

选择工具是一个基本工具，它具有以下多种功能。

（1）利用选择工具，可以选择不同的功能按钮和菜单等；

（2）单击一个对象将其选中，对象四周会出现 8 个黑色小方块；

（3）拖曳鼠标会显示一个虚线方框，虚线方框包围的所有对象会同时被选中；

（4）在选中状态下，再拖曳对象，可以移动该对象：

（5）在选中状态下，再次单击对象，对象四周会出现 8 个双箭头，中心会出现一个同心圆，表示该对象处于可旋转状态。单击四个角的某个双箭头，并拖曳光标，即可转动该对象；

（6）在选中状态下，再单击某个颜色，可以为对象填充该颜色；

（7）在选中状态下，在某个颜色上单击鼠标右键，可以将对象的轮廓颜色改变为该颜色。

知识点 2　　形状工具

该类工具包括：形状工具、涂抹笔刷、粗糙笔刷和自由变换等工具。其中使用较多的工具是形状工具、涂抹笔刷和粗糙笔刷。

（1）形状工具：该工具是绘图造型的主要工具之一。利用该工具可以增减节点、移动节点；可以将直线变为曲线、曲线变为直线；可以对曲线进行形状改造。

（2）涂抹笔刷：利用该工具可以对曲线图形进行不同色彩之间的穿插涂抹，实现特殊的造型效果。

1-3-4

项目 1　CorelDRAW2019 软件的介绍

（3）粗糙笔刷 ✸：这个工具对于服装设计作用较大。利用该工具可以对图形边缘进行毛边处理，实现特定服装材料的质感效果。

知识点 3　裁剪工具

该类工具包括裁剪工具、刻刀工具、橡皮擦工具和虚拟段删除工具等。其中使用较多的工具是刻刀工具和橡皮擦工具。

（1）刻刀工具 ✎：利用该工具可以对现有图形进行任意切割，实现对图形的绘制改造。

（2）橡皮擦工具 ▊：利用该工具可以擦除图形的轮廓和填充，实现快速造型的目的。

知识点 4　缩放工具

该类工具包括缩放工具和平移工具。

（1）缩放工具 Q：该工具是绘图过程中经常使用的工具之一。利用该工具可以对图纸（包括图形）进行多种缩放变换，以便我们在绘图过程中随时观看全图、部分图形和局部放大图形，从而进行图形的精确绘制和全图的把握。

（2）平移工具 ✋：利用该工具可以自由移动图纸，以便我们随时观看图纸的任意部位。

知识点 5　手绘工具

该类工具包括手绘工具、贝塞尔工具、艺术笔工具、钢笔工具、折线工具、3 点曲线工具、2 点线工具等。其中手绘工具、贝塞尔工具，艺术笔工具、钢笔工具、折线工具和 3 点曲线工具是服装设计使用较多的工具。

（1）手绘工具 ⚘：该工具是绘图过程中最基本的画线工具，是使用较多的工具之一。利用该工具可以绘制单段直线、连续直线、连续曲线、封闭图形等。

（2）贝塞尔工具 ✒：利用该工具可以绘制连续自由曲线，并且在绘制曲线过程中可以随时控制曲率变化。

（3）艺术笔工具 ✷：该工具对于绘制服装设计效果图作用很大。利用艺术笔工具可以进行多种预设笔触绘图、不同画笔绘图、不同笔触书法创作，以及多种图案的喷洒绘制等。

（4）钢笔工具 ✎：利用该工具可以绘制连续直线、曲线和图形。

（5）折线工具 ✑：利用该工具可以快速绘制连续直线和图形。

（6）3 点曲线工具 ✑：利用该工具可以绘制已知三点的曲线，如领口曲线、裆部曲线等。

知识点 6　矩形工具

该类工具包括矩形工具和 3 点矩形工具。

1-3-5

（1）矩形工具▢：该工具是服装制图的常用工具。利用该工具可以绘制垂直放置的一般长方形，按住 Ctrl 键可以绘制正方形。

（2）3 点矩形工具▢：利用该工具可以绘制任意方向的长方形，按住 Ctrl 键可以绘制任意方向的正方形。

知识点 7　椭圆工具

该类工具包括椭圆工具和 3 点椭圆工具。

（1）椭圆工具○：该工具是服装制图的常用工具。利用该工具可以绘制垂直放置的一般椭圆，按住 Ctrl 键可以绘制圆形。

（2）3 点椭圆工具⬮：利用该工具可以绘制任意方向的椭圆，按住 Ctrl 键可以绘制任意方向的圆形。

知识点 8　多边形工具

该类工具包括多边形工具、星形工具、复杂星形工具、图纸工具和螺旋工具等。

（1）多边形工具○：利用该工具可以绘制任意多边形，其边的数量可以通过属性栏进行设置。

（2）星形工具☆：利用该工具可以绘制任意多边星形，其边的数量可以通过属性栏进行设置。

（3）图纸工具▦：利用该工具可以绘制图纸的方格，形成任意单元表格，其行和列可以通过属性栏进行设置。

（4）螺旋工具◎：利用该工具可以绘制任意的螺旋形状，螺旋的密度、展开方式可以通过属性栏进行设置。

知识点 9　文本工具

文本工具字是服装设计中的常用工具之一。利用该工具可以进行中文、英文和数字的输入。

知识点 10　交互式工具

该类工具包括混合工具、轮廓图工具、扭曲工具、阴影工具、封套工具、立体化工具、透明工具等。这里着重介绍混合工具、轮廓图工具、阴影工具和透明工具。

（1）混合工具✍：利用该工具可以在任意两个色彩之间进行任意层次的渐变调和，以获得我们需要的色彩；还可以在任意两个形状之间进行任意层次的渐变处理，尤其是在进行服装推板操作时非常方便。

（2）轮廓图工具▤：利用该工具可以很方便地为服装衣片添加缝份。

（3）阴影工具▢：利用该工具可以为任何图形添加阴影，增强图形的立体感，使效果更逼真。

（4）透明工具▣：利用该工具可以对已有填色图形进行透明渐变处理，以获得更加漂亮的效果。

知识点 11　滴管工具

该类工具包括颜色滴管工具和属性滴管工具。

（1）颜色滴管工具✎：利用该工具可以获取图形中现有的任意一个颜色，以便对其他图形进行同色填充。

（2）属性滴管工具✎：该工具与颜色滴管工具的使用基本一致，不再赘述。

知识点 12　轮廓工具

该类工具是关于轮廓的宽度、颜色的一系列工具，包括轮廓笔对话框、轮廓颜色对话框、无轮廓和轮廓从最细到最粗的工具。选中对象后，在属性栏中可以看到该工具，如图 1.3.1 所示。这里重点介绍轮廓笔对话框及常用轮廓宽度工具。

图 1.3.1

（1）轮廓笔工具◊：单击该图标可以打开【轮廓笔】对话框，如图 1.3.2 所示。通过该对话框可以设置轮廓的颜色、宽度，还可以设置画笔的样式、笔尖的形状等。

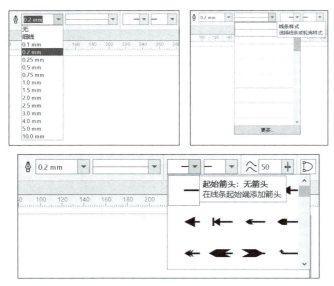

图 1.3.2

（2）属性泊坞窗：在选中对象的情况下，单击鼠标右键弹出下拉菜单中选择"属性"（图 1.3.3），界面右侧会出现属性泊坞窗（图 1.3.4），也可以找到轮廓笔工具，对线迹的颜色、宽度、折角形状、端点形状进行设置。

图 1.3.3　　　　　图 1.3.4

知识点 13　填充工具

该类工具包括无填充工具、均匀填充工具、渐变填充工具、向量图样填充工具、双色图样填充工具、底纹填充工具、PostSeript 填充工具、复制填充工具等这里重点介绍均匀填充工具、渐变填充工具、向量图样填充工具、底纹填充工具、无填充工具。单击填充工具 可在属性栏中找到 8 种对应的填充方式（图 1.3.5），也可以在选中填充对象的情况下，单击鼠标右键，在弹出的下拉菜单中选择"属性"调出属性泊坞窗，并选择填充，如图 1.3.6 所示。

图 1.3.5

图 1.3.6

（1）均匀填充 ■：单击该图标，可以打开【均匀填充】对话框，如图 1.3.7 所示。通过该对话框，可以调整色彩并进行填充。

（2）渐变填充 ：单击该图标，可以打开【渐变填充方式】对话框，如图 1.3.8 所示。通过该对话框，可以进行不同类型的渐变填充，包括线性渐变填充、射线渐变填

图 1.3.7　　　　　　　　图 1.3.8

充、圆锥渐变填充、方角渐变填充等。

（3）向量图样填充▦：单击该图标，可以打开【图样填充】对话框，如图1.3.9所示。通过该对话框，可以进行双色图样填充、全色图样填充、位图图样填充，同时还可以装入已有服装材料图样，并对图样进行位置、角度、大小等项目的设置。

（4）底纹填充▩：单击该图标，可以打开【底纹填充】对话框，如图1.3.10所示。通过该对话框，可以选择多种不同形式的底纹，并可以对底纹进行多种项目的设置，以实现设计效果。

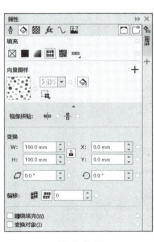 

图 1.3.9　　　　　　　　图 1.3.10

（5）无填充⊠：通过单击该图标，可以删除任何图形的已有填充。

知识点 14　调色板

调色板可以为封闭图形填充颜色，并改变图形轮廓和线条的颜色，是重要的设计工具，主要包括调色板的选择、调色板的滚动与展开以及调色板的使用等内容。

调色板的选择：程序界面右侧是调色板（图 1.3.11），默认状态下显示的是"CMYK 调色板"。通过单击界面的【窗口】—【调色板】，可以打开一个二级菜单，如图 1.3.12 所示。

知识点 15　"造型"功能

选择程序界面上的菜单【对象】—【造型】命令，可以打开一个二级菜单，单击其中任何一个命令，均可以打开造型对话框，如图 1.3.13 所示。该对话框中包括合并、修剪、相交、简化、移除后面对象、移除前面对象、边界、形状等项目，下面介绍几个常用项目。

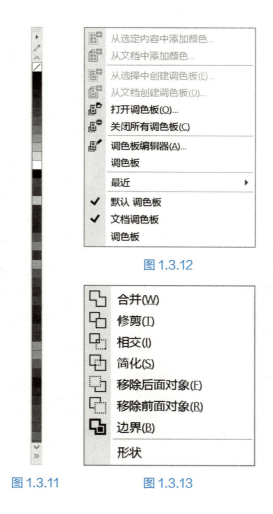

图 1.3.11　　　图 1.3.12　　　图 1.3.13

（1）合并：先选中想要合并的元素，然后单击对话框中的下拉按钮，打开下拉菜单，选择【合并】命令，可以将两个或多个选中的图形对象合并为一个图形对象，并且去除相交部分，保留合并到的某个图形对象的颜色，如图 1.3.14 所示。

图 1.3.14

（2）修剪：先选中想要合并的元素，然后单击对话框中的下拉按钮，打开下拉菜单，选择【修剪】命令。通过该命令，可以对一个图形对象或多个图形对象进行修剪，从而得到需要的图形，如图 1.3.15 所示。

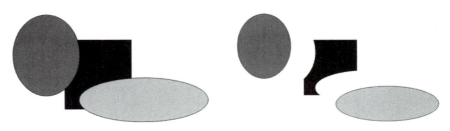

图 1.3.15

（3）相交：先选中想要合并的元素，然后单击对话框中的下拉按钮，打开下拉菜单，选择【相交】命令。通过该命令，可以将图形之间的相交部分提取出来，如图 1.3.16 所示。

图 1.3.16

（4）移除前面对象：先选中想要合并的元素，然后单击对话框中的下拉按钮，打开下拉菜单，选择【移除前面对象】命令。通过该命令，可一并移除最上面图层上的形状以及与下一图层图形相交的部分，如图 1.3.17 所示。

图 1.3.17

（5）移除后面对象：先选中想要合并的元素，然后单击对话框中的下拉按钮，打开下拉菜单，选择【移除后面对象】命令。通过该命令，可移除下面图层上的形状以及与下一图层图形相交的部分，如图 1.3.18 所示。

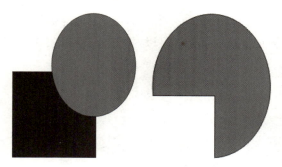

图 1.3.18

项目 2

CDR 服装部件和
局部款式图绘制

服装款式图电脑绘制

📝 笔记

实训任务 2.1
服装部件——衣领的款式图绘制

1. 学习情境描述
衣领是人们目光最容易触及的地方，同时也在上衣各局部的变化中起着主导作用。因此，衣领的设计常常是上衣设计的重点。

2. 学习目标
（1）明确衣领的分类。
（2）能够运用贝塞尔工具灵活绘制各式衣领的造型，并能够填充颜色。

3. 任务书
打开 CorelDRAW2019 软件，新建一个空白文档。参考款式图 2.1.1，综合运用 CorelDRAW2019 的工具与功能，分别绘制以下 5 个衣领款式，并尝试回答任务实施中的几个引导问题。

图 2.1.1

4. 任务实施
引导问题 1：常见的衣领有哪些款式？

引导问题 2： 衣领局部应该按照怎样的绘图顺序绘制？

引导问题 3： 绘制衣领局部时一定要闭合吗？

引导问题 4： 绘制衣领局部时需要从图层角度分解衣领结构吗？

5. 小提示

（1）在款式图绘制过程中可以先绘制一侧形态，然后通过复制、镜像的方式完成整个款式造型。

（2）若想给图形填充颜色，需要将图形闭合。

6. 评价反馈

学生进行自评：能否正确回答任务实施中的引导问题。学生自评打分填入表 2.1.1 中，教师评分填入表 2.1.2 中。

表 2.1.1　学生自评

班级：	姓名：		学号：	
实训任务 2.1	服装部件——衣领的款式图绘制			
评价项目	评价标准		分值	得分
软件认知	明确软件界面上相关工具和指令的位置，以及在绘制衣领造型的过程中需要用到的工具		10	
操作认知	能熟练操作与绘制款式图相关的工具		20	
难点认知	明确图层关系，以及形成闭合图形的方法		30	
查阅能力	有明确的查阅方向和查阅渠道		20	
发散思维	可在查阅文图和解决问题的过程中受到新事物的启发		20	
	合计		100	

项目 2　CDR 服装部件和局部款式图绘制

表 2.1.2　教师评价

班级：		姓名：		学号：	
实训任务 2.1		服装部件——衣领的款式图绘制			
评价项目		评价标准		分值	得分
考勤（30%）		无迟到、早退、旷课现象，课堂表现好		100	
工作过程（70%）	软件认知	明确软件界面上相关工具和指令的位置，以及在绘制衣领造型的过程中需要用到的工具		10	
	操作认知	能熟练操作与绘制款式图相关的工具		20	
	难点认知	明确图层关系，形成闭合图形的方法，以及图框精确裁剪内部的操作方法		30	
	查阅能力	有明确的查阅方向和查阅渠道		20	
	发散思维	可在查阅文图和解决问题的过程中受到新事物的启发		20	
合计				100	

7. 学习情境的相关知识点

知识点 1　衣领的分类和设计要点

　　根据结构特征，衣领可以分为圆领、立领、企领、驳领、罗纹领、蝴蝶结领。各种类型的衣领除了结构不同以外，给人的审美感受也不同。下面分别研究各种衣领的设计要点和表现方法。在衣领的设计中，应该注意以下几点。

　　（1）在批量生产的服装中，应尽可能运用流行元素设计领子。

　　（2）针对具体穿衣人时，衣领的设计要符合穿衣人的脸型和颈项特征。

　　（3）衣领的造型要与服装的整体风格一致。

知识点 2　圆领的绘制方法

　　圆领是指没有领面，只有领口造型的衣领。圆领的形态由衣片的领口线或服装吊带的形态确定，常常给人以简洁、轻松的美感。

　　用 CoreIDRAW2019 软件表现圆领时，应先建立起相互垂直的辅助线，在工具栏中选择贝塞尔工具，然后从相互垂直的辅助线的焦点开始从右向左连续绘制领口曲线、肩线和其他辅助表现领口的部位，将左侧部分绘制好后，采用复制的方式建立圆领的右侧部分，最后将左右两个部分合并，形成闭合图形并填充颜色。

　　具体绘制步骤如下。

　　（1）打开 CoreIDRAW2019，单击程序界面上的【新建文档】图标 ⬚，新建一张横向的 A4 空白图纸，如图 2.1.2 所示。

2-1-3

图 2.1.2

（2）图纸的相关参数可通过属性栏进行设置，包括纸张尺寸、纸张摆放方向、绘图单位等，如图 2.1.3 所示。

图 2.1.3

（3）设置标尺，在菜单栏中选择【布局】，在下拉菜单中选择【文档选项】，弹出图 2.1.4 所示对话框，选择"标尺"，勾选"在桌面模式下显示标尺"复选框。

（4）分别单击横纵向标尺，按住鼠标左键拖曳，建立两条蓝色的辅助虚线（图2.1.5），作为绘制款式图的中心线，然后建立图 2.1.6 所示辅助线。

图 2.1.4　　　　　　　　图 2.1.5　　　　　　　　图 2.1.6

（5）在工具栏中单击贝塞尔工具图标，从中心点开始绘制左侧领口曲线和其他部位，保证线条连续。用贝塞尔工具在原点位置绘制第一个点，绘制第二个点时不要松开鼠标左键，拉出方向触手（图 2.1.7），随机完成圆领的左侧款式图。

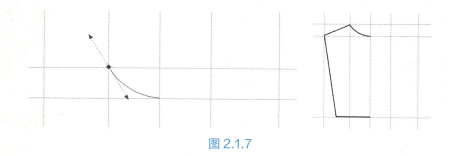

图 2.1.7

（6）选中圆领款式图的左侧部分，分别按复制、粘贴快捷键 Ctrl+C 和 Ctrl+V，将左侧部分原地复制一个，然后选中左侧部分，将光标放在最左侧锚点处向右侧拖曳，同时按住 Ctrl 键完成镜像复制，如图 2.1.8 所示。

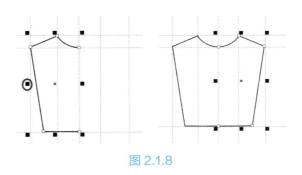

图 2.1.8

（7）全选左右两个部分，按快捷键 Ctrl+L 执行"合并"命令，将图形闭合，以便填充颜色，或者单击属性栏中的合并图标 执行"合并"命令。在执行合并命令后，将左右两侧图形选中，然后选择形状工具，将前中线的两个分开的连接点重新结合成一个点，如图 2.1.9 所示。

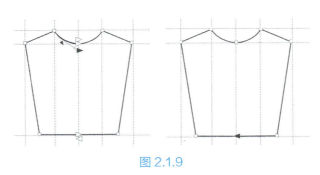

图 2.1.9

（8）选择已经闭合的圆领款式图，在界面右侧调色板中选择任意颜色进行填充，如图 2.1.10 所示。

图 2.1.10

（9）将填充好的圆领款式图原地复制一个，选择形状工具，双击圆领前中线处的最低点将其删除，再利用形状工具调整曲线作为圆领的后领口部分，最后选中后领款式图层，单击鼠标右键，在下拉菜单中选择"顺序">"向后一层"，如图 2.1.11 所示。

图 2.1.11

知识点 3　　立领的绘制方法

立领是领面直立的衣领，有的只有领座没有翻领，有的既有领座也有翻领，如中国传统的旗袍领、中山装领以及男式衬衣领等，能给人以庄重、挺拔的审美感受。用CoreIDRAW2019 设计和表现立领可以借鉴圆领的款式。

具体绘制步骤如下。

（1）以圆领款式图为基础，选择贝塞尔工具，绘制出立领左侧部分，将其完成闭合，随后原地复制一个左侧衣领，分别按复制、粘贴快捷键 Ctrl+C 和 Ctrl+V，将左侧部分原地复制一个，然后选中左侧部分，将光标放在最左侧锚点处向右侧拖曳，同时按住 Ctrl 键完成镜像复制，如图 2.1.12 所示。

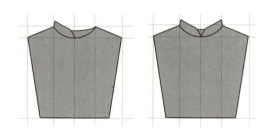

图 2.1.12

（2）选择矩形工具，建立一个矩形作为立领的后领基本形，然后选中矩形，单击鼠标右键，在弹出的下拉菜单中选择"转换为曲线"，如图 2.1.13 所示。

（3）选择形状工具，单击矩形的一侧端点，在属性栏中单击"转换为曲线"图标，调整蓝色方向触手，以同样的方法调整其余几个点，使矩形上下边缘变成曲线，如图 2.1.14 所示。

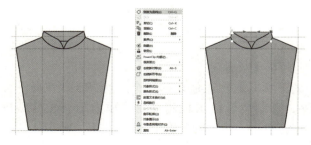

图 2.1.13

图 2.1.14

（4）全选立领款式图，从界面右侧调色盘中选择颜色进行填充，如图 2.1.15 所示。

图 2.1.15

知识点 4　企领的绘制方法

企领是由立领作领座，翻领作领面组合构成的衣领，如男士衬衫领、中山装领。具体绘制步骤如下。

（1）以圆领款式图为基础，选择贝塞尔工具，绘制出立领左侧部分，将其完成闭合，随后原地复制一个左侧衣领，分别按复制、粘贴快捷键 Ctrl+C 和 Ctrl+V，将左侧部分原地复制一个，然后选中左侧部分，将光标放在最左侧锚点处向右侧拖曳，同时按住 Ctrl 键完成镜像复制，如图 2.1.16 所示。

图 2.1.16

（2）运用贝塞尔工具绘制左侧翻领面的造型，并进行镜像复制，对左右两侧翻领面造型进行"合并"处理，使其变成闭合图形，并填充颜色，如图 2.1.17 所示。

图 2.1.17

（3）合并后翻领领面的线的拐角处出现尖角，需要对其进行调整。全选翻领领面造型，单击鼠标右键，在弹出的下拉菜单中选择"属性"，在界面右侧的属性泊坞窗中调整线的拐角形状和端点形状，如图 2.1.18 所示。

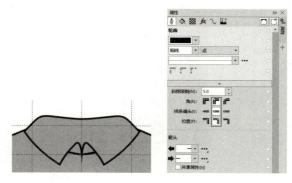

图 2.1.18

（4）在合并后的翻领领面上，用贝塞尔工具绘制出翻领的翻折线，如图 2.1.19 所示。

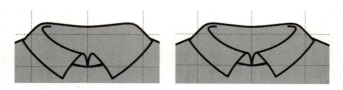

图 2.1.19

（5）完成企领款式图的绘制，如图 2.1.20 所示。

图 2.1.20

知识点 5　驳领的绘制方法

驳领是领面和驳头一起向外翻折的衣领，能给人以开阔、干练的审美感受。用 CorelDRAW2019 设计和表现驳领，需要先绘制衣身图形，并确定好领座的高度。

驳领驳头和领面的折线将决定驳领的深度，而驳头和领面的轮廓线将决定驳领的造型。设计时，要注意处理好领面与驳头之间的比例关系。

具体绘制步骤如下。

（1）以圆领款式图为基础，选择贝塞尔工具，绘制出翻驳领左侧部分，将其完成闭合，随后原地复制一个左侧衣领，分别按复制、粘贴快捷键 Ctrl+C 和 Ctrl+V，将左侧部分原地复制一个，然后选中左侧部分，将光标放在最左侧锚点处向右侧拖曳，同时按住 Ctrl 键完成镜像复制，再全选前罗纹立领的左右两部分，执行"合并"命令，用形状工具重新连接翻领后领面的上下点，使其形成闭合图形，如图 2.1.21 所示。

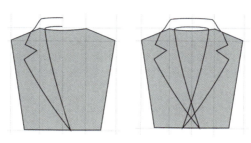

图 2.1.21

（2）全选翻驳领部分造型，在界面右侧调色板中选择颜色进行填充。然后选中翻驳领面，单击鼠标右键，在弹出的下拉菜单中选择"属性"调整线段拐角处的尖角，效果如图 2.1.22 所示。

（3）选择形状工具，单击图 2.1.23 中圈出的两个点，在属性栏中选择"尖突节点"（图 2.1.24），使这两个点变成尖点，然后在选中形状工具的情况下，双击驳领翻折点将其删除，之后调整方向触手，将右侧下面翻折点处曲线收回。

图 2.1.22

图 2.1.23

图 2.1.24

(4)最后利用形状工具调整背景衣身图层圆领部分，如图 2.1.25 所示。

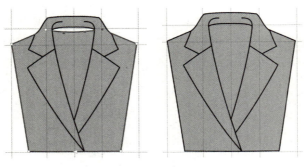

图 2.1.25

知识点 6　罗纹领的绘制方法

针织罗纹领是用针织罗纹材料设计并制作的衣领，它的形态主要由领口线的造型与领圈的高低决定。较低的针织罗纹领的审美效果与一般领口相似，而较高的针织罗纹领的审美效果会比一般立领显得轻松。针织罗纹领不仅常用于针织服装，在梭织服装中也常见到。

用 CorelDRAW2019 绘制针织罗纹领要注意表现领的质感和罗纹的表面肌理特征。学会表现针织罗纹的质感和肌理，再绘制用针织罗纹材料制作的服装就方便多了。

具体绘制步骤如下。

（1）以圆领款式图为基础，选择贝塞尔工具，绘制出罗纹领左侧部分，将其完成闭合，随后原地复制一个左侧衣领，分别按复制、粘贴快捷键 Ctrl+C 和 Ctrl+V，将左侧部分原地复制一个，然后选中左侧部分，将光标放在最左侧锚点处向右侧拖曳，同时按住 Ctrl 键完成镜像复制，再全选前罗纹立领的左右两部分，执行"合并"命令，用形状工具重新连接前中领口的上下点，使其形成闭合图形，如图 2.1.26 所示。

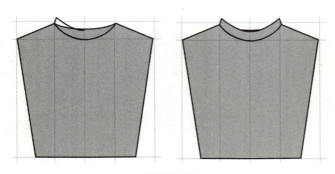

图 2.1.26

（2）选择矩形工具，参考前罗纹立领的宽度绘制一个矩形，单击鼠标右键，在弹出的下拉菜单中选择"顺序 - 置于此对象后"，此时光标变成黑色箭头状，单击前立领，将矩形置于前立领后，如图 2.1.27 所示。

图 2.1.27

（3）选择两点线工具，绘制出图 2.1.28 所示两条线段，然后选择混合工具，从左向右横向拉一条线，并在属性栏中调整参数，建立一个等距线段组，如图 2.1.29 所示。

图 2.1.28

图 2.1.29

（4）全选等距线段组，右键单击拖曳至后领空白处，在弹出的下拉菜单选择"Power Clip 内部"（图框精确裁剪内部），将等距线段置于后领内部作为罗纹效果，如图 2.1.30 所示。

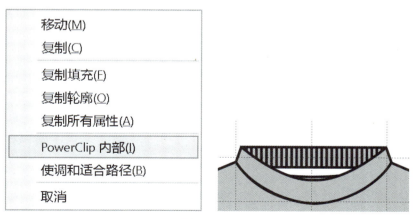

图 2.1.30

（5）以同样的方式为前领口建立罗纹线段组，如图 2.1.31 所示。同样全选，右键单击拖曳置于前领内部，效果如图 2.1.32 所示。

图 2.1.31

图 2.1.32

实训任务 2.2
服装部件——口袋的款式图绘制

1. 学习情境描述

口袋在服装设计中运用广泛，它不仅能提高服装的实用功能，也是装饰服装的重要元素。用CorelDRAW2019设计和表现口袋除了要注意准确地画出口袋在服装中的位置和基本形态以外，还要注意准确地画出口袋的缝制工艺和装饰工艺的特征。

2. 学习目标

（1）了解口袋的分类。
（2）能够运用贝塞尔工具灵活绘制各式口袋的造型，并能够填充颜色。

3. 任务书

打开CorelDRAW2019软件，新建一个空白文档。参考款式图2.2.1，综合运用CorelDRAW2019的工具与功能，分别绘制以下4个口袋款式，并尝试回答任务实施中的几个引导问题。

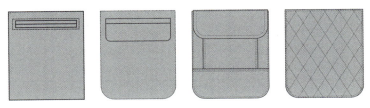

图 2.2.1

4. 任务实施

引导问题1：常见的口袋有哪些款式？

引导问题2：通常口袋的造型可以归纳成什么基础图形？

引导问题 3：绘制口袋造型时除了运用贝塞尔工具以外，还有其他便捷方法吗？

5. 小提示

（1）口袋可通过归纳基础形状的方式快速绘制。
（2）图框精确裁剪内部的操作对绘制口袋造型作用很大。

6. 评价反馈

学生进行自评：能否正确回答任务实施中的引导问题。学生自评打分填入表2.2.1中，教师评分填入表2.2.2中。

表2.2.1　学生自评

班级：		姓名：	学号：	
实训任务2.2		服装部件——口袋的款式图绘制		
评价项目	评价标准		分值	得分
软件认知	明确软件界面上相关工具和指令的位置，以及在绘制口袋造型的过程中需要用到的工具		10	
操作认知	能熟练操作与绘制款式图相关的工具		20	
难点认知	明确图层关系，形成闭合图形的方法，以及图框精确裁剪内部的操作方法		30	
查阅能力	有明确的查阅方向和查阅渠道		20	
发散思维	可在查阅文图和解决问题的过程中受到新事物的启发		20	
合计			100	

表2.2.2　教师评价

班级：		姓名：		学号：	
实训任务2.2		服装部件——口袋的款式图绘制			
评价项目	评价标准			分值	得分
考勤（30%）	无迟到、早退、旷课现象，课堂表现好			100	
工作过程（70%）	软件认知	明确软件界面上相关工具和指令的位置，以及在绘制口袋造型的过程中需要用到的工具		10	
	操作认知	能熟练操作与绘制款式图相关的工具		20	
	难点认知	明确图层关系，形成闭合图形的方法，以及图框精确裁剪内部的操作方法		30	
	查阅能力	有明确的查阅方向和查阅渠道		20	
	发散思维	可在查阅文图和解决问题的过程中受到新事物的启发		20	
合计				100	

7. 学习情境的相关知识点

知识点 1　口袋的设计与表现

根据结构特征，口袋可以分为贴袋、挖袋和插袋 3 种类型。不同类型的口袋设计方法与表现方法也会有较大的不同。口袋的设计要点如下。

（1）方便实用：具有实用功能的口袋一般都是用来放置小件物品的。因此，口袋的朝向、位置和大小都要方便手的使用。

（2）整体协调：口袋的大小和位置都可能与服装的相应部位产生对比关系。因此，设计口袋的大小和位置时要注意使其与服装相应部位的大小、位置协调。可用于口袋的装饰手法也很多，在对口袋进行装饰设计时，也要注意所采用的装饰手法与整体风格协调。另外，口袋的设计还要结合服装的功能要求和材料特征加以考虑。一般情况下，表演服、专业运动服，以及用柔软、透明材料制作的服装无须设计口袋，而制服、旅游服，或用粗厚材料制作的服装则可以设计口袋以增强其功能性和审美性。

知识点 2　贴挖袋的绘制方法

挖袋的袋口开在服装的表面，而袋却藏在服装的里层。服装表面的袋口可以显露，也可以用"袋盖掩饰"挖袋的造型，其重点在袋口或袋盖的装饰上。因此，用 CorelDRAW2019 设计和表现挖袋主要是绘制好挖袋的嵌线结构、袋布或袋盖在服装上的位置、基本形态，以及缝制和装饰袋口、袋盖的工艺特征。

具体绘制步骤如下。

（1）选择矩形工具 □，绘制出袋布形状，以同样的方法绘制前线袋结构，然后选择两点线工具 ✎，在嵌线结构部分绘制出袋牙结构，如图 2.2.2 所示。

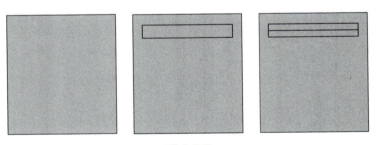

图 2.2.2

（2）运用矩形工具绘制嵌线袋牙周围的缝迹线结构，在属性栏中设置缝迹线的形状，如图 2.2.3 所示。

知识点 3　有袋盖挖袋的绘制方法

（1）选择矩形工具 □，绘制袋布形状，然后选择形状工具 ✎，将光标放置在矩形的其中一个角上，向内拖曳形成圆角，如图 2.2.4 所示。

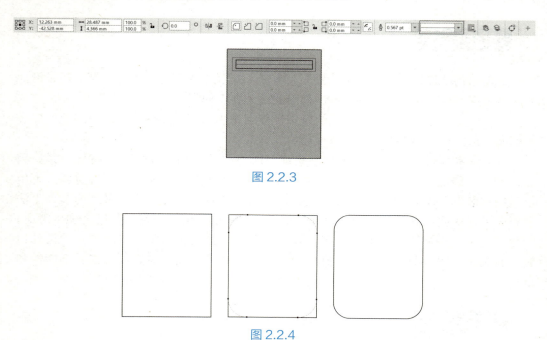

图 2.2.3

图 2.2.4

（2）选中圆角矩形，在属性栏中设置参数，将圆角矩形上方的两个角变成直角，并在属性栏中将其设置成虚线，如图 2.2.5 所示。

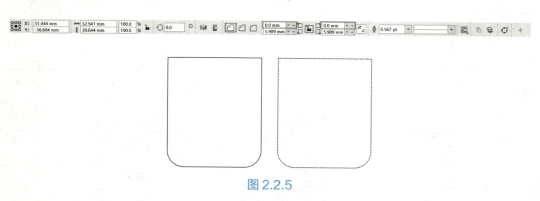

图 2.2.5

（3）利用矩形工具，绘制出嵌线袋造型，以绘制圆角矩形的方法，绘制出袋盖造型，并整体填充颜色，如图 2.2.6 所示。

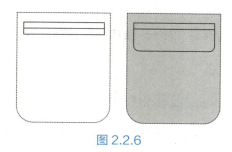

图 2.2.6

项目 2　CDR 服装部件和局部款式图绘制

知识点 4　有拼接造型贴袋的绘制方法

（1）选择矩形工具，绘制袋布形状，然后选择形状工具，将光标放置在矩形其中的一个角上，向内拖曳形成圆角，如图 2.2.7 所示。

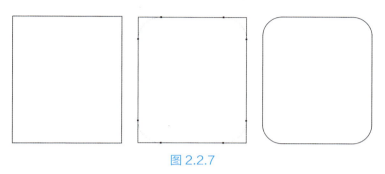

图 2.2.7

（2）选中圆角矩形，在属性栏中设置参数，将圆角矩形上方的两个角变成直角，如图 2.2.8 所示。

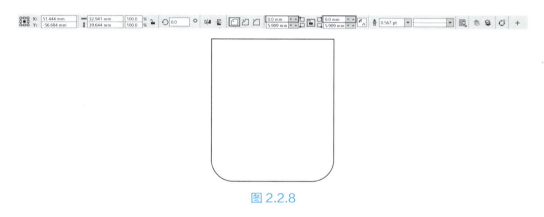

图 2.2.8

（3）将图形原地复制一个，并在属性栏中取消选择"相对角缩放"，然后选中图形，运用两点线绘制口袋分割线，如图 2.2.9 所示。

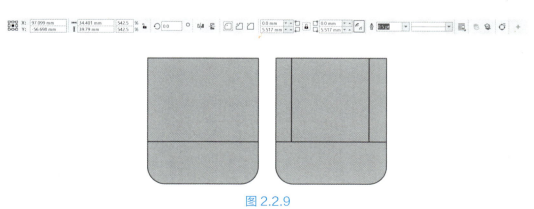

图 2.2.9

（4）运用已有图形，快速建立贴袋缝迹线。首先将最大的圆角贴袋原地复制，并进行以下调整：取消填充颜色、将线迹改为虚线、调整虚线粗度为细线、调整细节，然后建立其他缝迹线，可用两点线工具绘制，也可用已有分割线绘制调整，如图 2.2.10 所示。

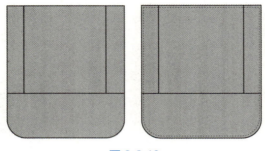

图 2.2.10

（5）以口袋下半部分圆角矩形为基础，通过复制、调整大小、建立缝迹线等操作，做出袋盖造型，如图 2.2.11 所示。

图 2.2.11

知识点 5　有绗缝造型贴袋的绘制方法

（1）选择矩形工具 ▢，绘制袋布形状，然后选择形状工具 ，将光标放置在矩形其中的一个角上，向内拖曳形成圆角，如图 2.2.12 所示。

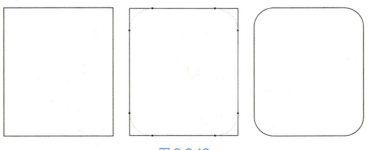

图 2.2.12

（2）选中圆角矩形，在属性栏中设置参数，将圆角矩形上方的两个角变成直角，如图 2.2.13 所示。

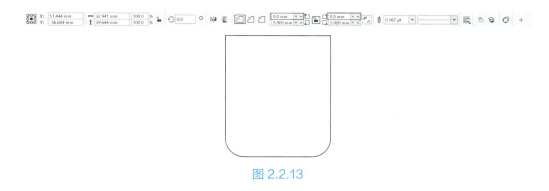

图 2.2.13

（3）在工具栏中选择两点线工具，绘制一条 45°斜线，在属性栏中选择相应的虚线形式，接下来复制这条虚线放置在图 2.2.14 所示位置。

图 2.2.14

（4）在工具栏中选择混合工具，单击选中其中一条虚线，拖曳至另外一条虚线，建立等距虚线组合，可以通过在属性栏中设置"调和对象"的参数来调整虚线组中各虚线的间距和虚线密度，如图 2.2.15 所示。图 2.2.16 所示为将参数从 10 调整到 30 的效果。

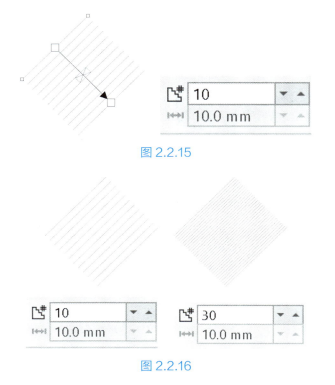

图 2.2.16

（5）选中这组虚线，右键单击，在弹出的下拉菜单中执行"组合"命令，原地复制这组虚线，并旋转角度，形成菱形网状绗缝线迹效果，如图 2.2.17 所示。

（6）选中两组虚线，右键单击，在弹出的下拉菜单中执行"组合"命令，并调整虚线组的方向，如图 2.2.18 所示。

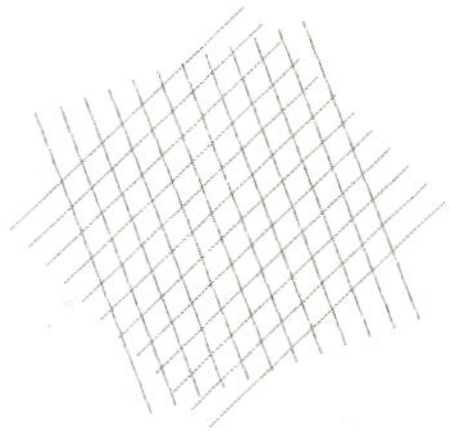

图 2.2.17

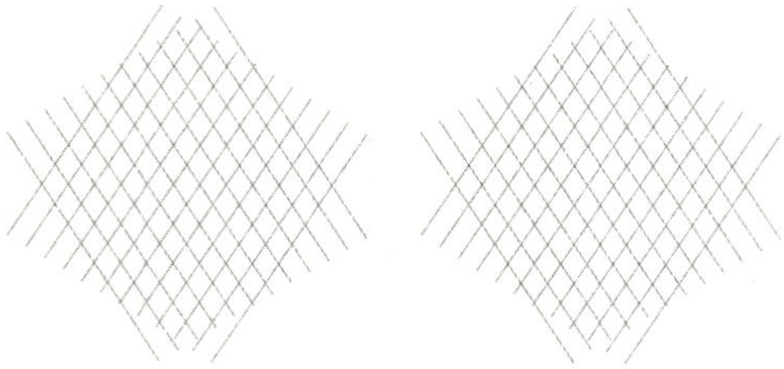

图 2.2.18

（7）执行"Power Clip 内部"（图框精确裁剪内部）操作，选中虚线组，右键单击并拖曳至口袋位置，此时图标变成黑色圆圈，释放鼠标右键，在弹出的下拉菜单中选择"Power Clip 内部"，效果如图 2.2.19 所示。

图 2.2.19

（8）运用原有口袋形状，绘制边缘缝纫线迹。复制口袋造型，取消填充颜色，并在属性栏中调整线迹粗度为"细线"，线迹形状选择虚线，缩小形状大小，放到图 2.2.20 所示位置。

图 2.2.20

实训任务 2.3
服装部件——蝴蝶结的款式图绘制

1. 学习情境描述

蝴蝶结在服装设计中运用广泛，尤其是在女装设计领域。它不仅起着装饰作用，有时也能代替系带设计体现其实用功能。用 CorelDRAW2019 设计和表现蝴蝶结和系带造型时，除了要注意准确地绘制出系带方式和走向，还要注意所绘制线迹的流畅和圆顺，保证蝴蝶结系带造型的美感。

2. 学习目标

（1）熟悉常见的蝴蝶结造型和系带结构。
（2）能够运用贝塞尔工具灵活绘制各式蝴蝶结和系带的造型，并能够填充颜色。

3. 任务书

打开 CorelDRAW2019 软件，新建一个空白文档。参考款式图 2.3.1，综合运用 CorelDRAW2019 的工具与功能，分别绘制下面的蝴蝶结和系带造型，并尝试回答任务实施中的几个引导问题。

图 2.3.1

4. 任务实施

引导问题 1：绘制蝴蝶结或者系带结构主要运用哪个工具？

服装款式图电脑绘制

引导问题 2： 绘制蝴蝶结和系带造型应该注意哪些问题？

_____

_____

引导问题 3： 绘制系带结构有什么快捷方法和技巧？

_____

_____

5. 小提示

（1）系带结构可通过归纳基础形状的方式快速绘制。

（2）可以运用"移除前面对象"命令提高作图效率。

6. 评价反馈

学生进行自评：能否正确回答任务实施中的引导问题。学生自评打分填入表 2.3.1 中，教师评分填入表 2.3.2 中。

表 2.3.1 学生自评

班级：	姓名：		学号：	
实训任务 2.3	服装部件——蝴蝶结的款式图绘制			
评价项目	评价标准		分值	得分
软件认知	明确软件界面上相关工具和指令的位置，以及在绘制蝴蝶结的过程中需要用到的工具		10	
操作认知	能熟练运用贝塞尔工具绘制灵活的闭合曲线		20	
难点认知	明确图层关系，形成闭合图形的方法，以及移除前面对象的操作方法		30	
查阅能力	有明确的查阅方向和查阅渠道		20	
发散思维	可以运用所学功能和命令灵活制定绘图策略，提高绘图效率		20	
	合计		100	

表 2.3.2 教师评价

班级：		姓名：	学号：	
实训任务 2.3		服装部件——蝴蝶结的款式图绘制		
评价项目		评价标准	分值	得分
考勤（30%）		无迟到、早退、旷课现象，课堂表现好	100	
工作过程（70%）	软件认知	明确软件界面上相关工具和指令的位置，以及在绘制蝴蝶结的过程中需要用到的工具	10	
	操作认知	能熟练运用贝塞尔工具绘制灵活的闭合曲线	20	

续表

班级：		姓名：	学号：		
实训任务 2.3		服装部件——蝴蝶结的款式图绘制			
评价项目		评价标准		分值	得分
工作过程（70%）	难点认知	明确图层关系，形成闭合图形的方法，以及移除前面对象的操作方法		30	
	查阅能力	有明确的查阅方向和查阅渠道		20	
	发散思维	可以运用所学功能和命令灵活制定绘图策略，提高绘图效率		20	
合计				100	

7. 学习情境的相关知识点

知识点 1　系带蝴蝶结的绘制方法

（1）绘制整个蝴蝶结造型主要运用贝塞尔工具。在工具箱中选择贝塞尔工具，首先绘制蝴蝶结中心打结部分，注意绘制时要预先设计好打结处布料的起伏和包裹关系，只绘制打结外边缘形状，使其形成闭合图形后，再绘制内部褶皱线，此时注意内部褶皱线的粗细程度要小于外轮廓线，并且对褶皱线进行"组合"（全部选中褶皱线，单击鼠标右键，在下拉菜单中选择"组合"），如图 2.3.2 所示。

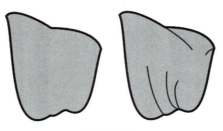

图 2.3.2

（2）同样运用贝塞尔工具绘制打结左侧的蝴蝶结款式。绘制过程中要注意面料的起伏和包裹关系，在绘制好外轮廓线后，再绘制内部褶皱线，注意系带处褶皱是发散型，如图 2.3.3 所示。

图 2.3.3

（3）绘制左侧系带布料底层的遮挡结构，注意露出部分形状与顶层结构连接处要圆顺、合理。为了提高绘图效率，遮挡部分的形状可以随意绘制，绘制完成后形成闭合图形，选中遮挡部分造型，右键单击，在弹出的下拉菜单中选择"顺序"，在"顺序"的下拉菜单中选择"置于此对象后"，此时光标变成黑色箭头状，单击绘制好的左侧蝴蝶结造型，将其藏到底层，如图 2.3.4 所示。

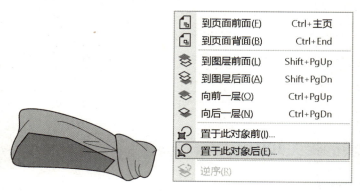

图 2.3.4

（4）以同样的方法绘制出蝴蝶结的其他部分。绘制过程中要注意，蝴蝶结的每个部分在绘制完内部的褶皱线后，都需进行"组合"，以便后期整体调整位置和造型变化，如图 2.3.5 所示。

图 2.3.5　　　　　　　　　　　　　图 2.3.6

（5）在完成所有部分蝴蝶结的绘制后，要进行整体调整。整体调整的方法是将蝴蝶结的所有部分选中，右键单击，在弹出的下拉菜单中执行"组合"命令。之后在蝴蝶结造型被选中的情况下，将光标放在不同的黑色锚点处，可以通过拉长或者压扁等操作来改善蝴蝶结的造型，也可以通过旋转来调整蝴蝶结的造型，如图 2.3.7 所示。最终效果如图 2.3.8 所示。

图 2.3.7　　　　　　　　　　　　　图 2.3.8

知识点 2　系带的绘制方法

（1）绘制整个系带造型主要运用贝塞尔工具。在工具箱中选择贝塞尔工具，绘制系带中心打结部分，先绘制一个基础元素，再通过复制、旋转、调整大小、调整图层顺序形成系带的打结造型，如图 2.3.9 所示。

图 2.3.9

（2）绘制系带的绳子部分，运用贝塞尔工具绘制出一个水滴形状。接下来执行沿中心点复制形状操作：选中水滴形状，按住 Shift 键，将形状向中心点处缩小，在不松开鼠标左键的情况下单击右键，复制一个缩小的水滴形状，然后进行调整，使其外边缘与大水滴轮廓平行，如图 2.3.10 所示。

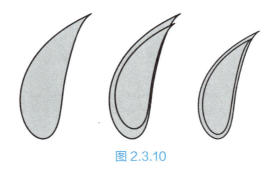

图 2.3.10

（3）选中两个水滴形状，在菜单栏中选择"对象"，在下拉菜单中选择"造型"，在弹出的下拉菜单中选择"移除前面对象"命令，并运用形状工具调整细节，形成图 2.3.11 所示效果。

（4）将环形结构复制一个，放置到打结结构图层的后面，将左侧的两个环形水滴形状原地复制一组，进行镜像操作（选中一组环形，将光标放在左侧黑色锚点处，按住 Ctrl 键向左侧拖曳），放置到打结结构的右侧，并进行调整，形成图 2.3.12 所示效果。

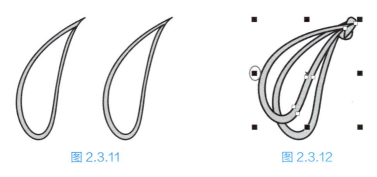

图 2.3.11　　　　　图 2.3.12

（5）运用贝塞尔工具绘制出下垂的绳子部分，注意图层关系，在选中对象的情况下，单击鼠标右键，在弹出的下拉菜单中选择"顺序"，在子菜单中通过"置于此对象前"或"置于此对象后"等指令调整元素之间的图层关系，最后组合所有元素，进行整体比例的调整，如图 2.1.13～图 2.1.15 所示。

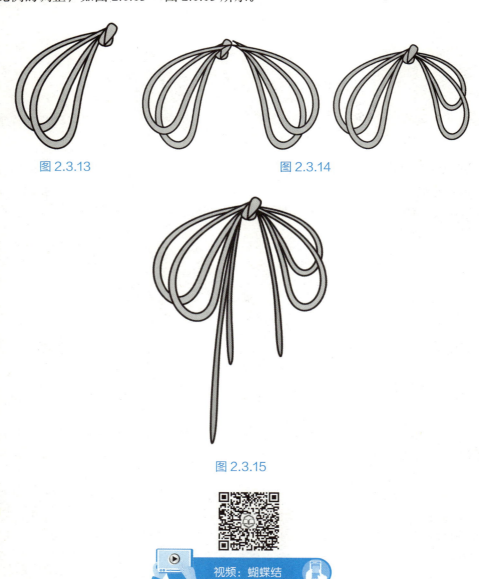

图 2.3.13　　　　　　　图 2.3.14

图 2.3.15

视频：蝴蝶结

实训任务 2.4
服装部件——服装辅料局部款式图的绘制

1. 学习情境描述

在服装款式图的绘制中，服装辅料的精准绘制同样重要，其不仅可提高整体服装款式图的效果，而且是对设计细节的明确指导。常见的服装辅料类别有拉链类、纽扣类、卡扣类等，每个类别的款式都丰富多样，但其功能是一致的。

2. 学习目标

（1）熟悉常见的各类辅料的款式造型结构。
（2）能够综合运用各类工具和指令灵活绘制各式辅料的造型，并能够填充颜色。

3. 任务书

打开 CorelDRAW2019 软件，新建一个空白文档。参考款式图 2.4.1，综合运用 CorelDRAW2019 的工具与功能，分别绘制下面典型的辅料造型和结构，并尝试回答任务实施中的几个引导问题。

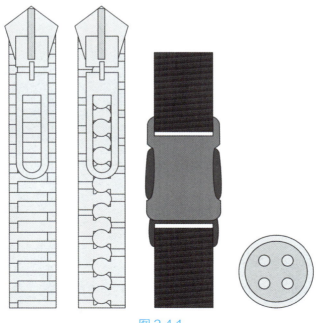

图 2.4.1

4. 任务实施

引导问题 1： 绘制拉链齿牙的结构运用哪个工具比较高效？

引导问题 2： 绘制拉链头的环形造型需要用到哪些绘图技巧？

引导问题 3： 绘制运动型卡扣除了运用贝塞尔工具，还有其他更便捷的方法吗？

5. 小提示

（1）拉链齿牙的规则排列可以运用混合工具进行快速绘制。

（2）可以运用"移除前面对象"命令提高作图效率。

6. 评价反馈

学生进行自评：能否正确回答任务实施中的引导问题。学生自评打分填入表 2.4.1 中，教师评分填入表 2.4.2 中。

表 2.4.1　学生自评

班级：	姓名：		学号：	
实训任务 2.4	服装部件——服装辅料局部款式图的绘制			
评价项目	评价标准		分值	得分
软件认知	明确软件界面上相关工具和指令的位置，以及在绘制服装辅料局部的过程中需要用到的工具		10	
操作认知	能熟练使用混合工具和移除前面对象命令		20	
难点认知	明确图层之间的遮挡关系，结合移除前面对象命令灵活操作		30	
查阅能力	有明确的查阅方向和查阅渠道		20	
发散思维	可以运用所学功能和命令灵活制定绘图策略，提高绘图效率		20	
	合计		100	

项目 2　CDR 服装部件和局部款式图绘制

表 2.4.2　教师评价

班级：		姓名：	学号：		
实训任务 2.4		服装部件——服装辅料局部款式图的绘制			
评价项目		评价标准		分值	得分
考勤（30%）		无迟到、早退、旷课现象，课堂表现好		100	
工作过程 （70%）	软件认知	明确软件界面上相关工具和指令的位置，以及在绘制服装辅料局部的过程中需要用到的工具		10	
	操作认知	能熟练使用混合工具和移除前面对象命令		20	
	难点认知	明确图层之间的遮挡关系，结合移除前面对象命令灵活操作		30	
	查阅能力	有明确的查阅方向和查阅渠道		20	
	发散思维	可以运用所学功能和命令灵活制定绘图策略，提高绘图效率		20	
	合计			100	

7. 学习情境的相关知识点

< 知识点 1　拉链款式 1 的绘制方法

（1）首先绘制拉链齿牙，然后运用工具箱中的矩形工具 □，绘制矩形，并填充颜色。接下来单击选中矩形，以垂直方向拖曳到相应位置，在不松开鼠标左键的情况下单击鼠标右键，复制一个矩形，如图 2.4.2 所示。

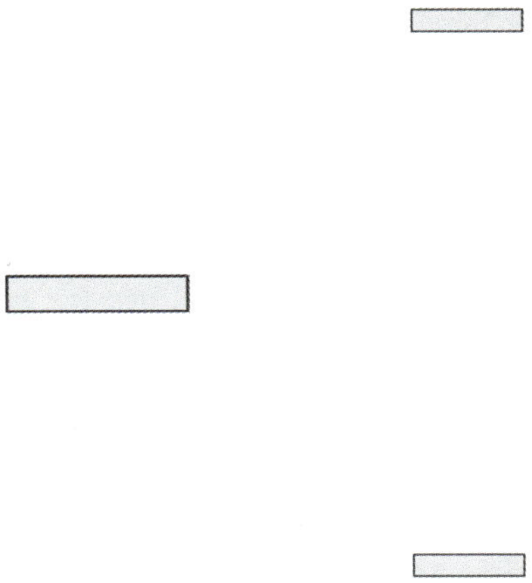

图 2.4.2

（2）在工具箱中选择混合工具 ✎，随后单击第一个矩形，并向第二个矩形处拖曳，在两个矩形之间拉一条线，此时两个矩形之间形成多个等距小矩形，可在属性栏中的"调和对象"处调整参数（两个矩形之间等距矩形的个数），如图 2.4.3 所示。

（3）选中所有矩形，单击鼠标右键，在弹出的下拉菜单中执行"组合"命令，复制一组矩形，错位调整两个矩形组的位置，使其形成拉链齿牙咬合的效果，并在空白处

2-4-3

建立一条空白矩形（长度为拉链长度，根据款式图需求绘制），如图 2.4.4 所示。

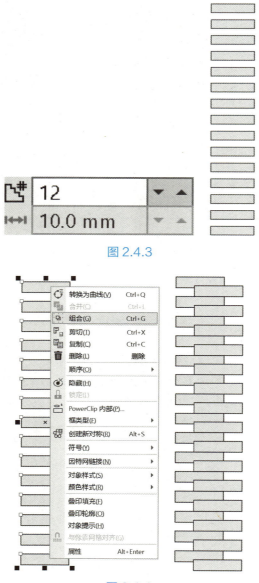

图 2.4.3

图 2.4.4

（4）选中拉链齿组合，按住鼠标右键拖曳至空白矩形框中，此时光标变成圆圈形状，松开鼠标右键，在弹出的下拉菜单中选择"PowerClip"内部（图框精确裁剪内部），这样拉链齿就被置入之前做好的拉链框中。单击鼠标右键，在弹出的下拉菜单中选择"编辑内容"，可以调整置入图形的位置，并为其填充颜色，如图 2.4.5 所示。

（5）开始绘制拉链头。运用矩形工具绘制一个纵向的矩形，选择形状工具，单击矩形其中的一个角，然后向内拖曳，将矩形的四个角变成圆角，并在属性栏中设置参数，将矩形下面的两个角的参数恢复成 0.0mm，即恢复成直角造型，最后为其填充颜色，如图 2.4.6 所示。

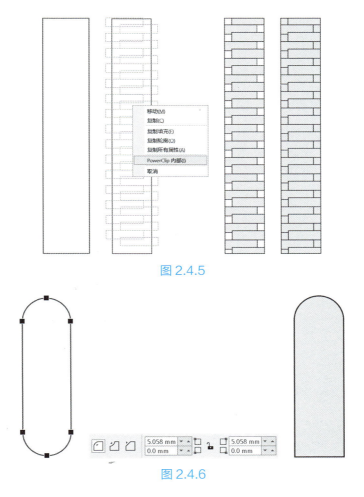

图 2.4.5

图 2.4.6

（6）复制一个拉链头的形状，缩小并填充其他颜色使之与原色区分，之后将小的圆角矩形放置在大的圆角矩形之上，如图 2.4.7 所示。随后框选两个圆角矩形，在菜单栏中选择"对象"，在弹出的下拉菜单中选择"造型"下拉菜单中的"移除前面对象"命令，此时拉链头形成圆角环状矩形，如图 2.4.8 所示。

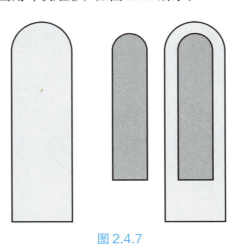

图 2.4.7

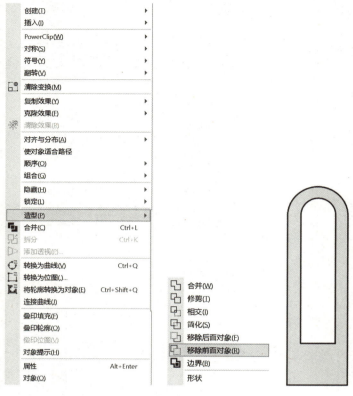

图 2.4.8

（7）用矩形工具绘制拉链头的链接处，注意小结构的前后顺序，然后在工具栏中选择"多边形工具"，在属性栏中设置多边形参数为 5，绘制一个五边形，并绘制一个矩形作为挂拉链头的结构，如图 2.4.9 所示。

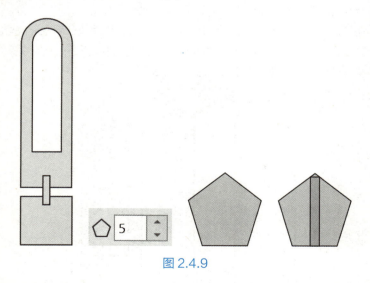

图 2.4.9

（8）此时拉链的各部分组件已经绘制完毕，接下来就是组合成图 2.4.10 所示完整的拉链结构。

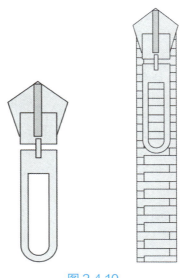

图 2.4.10

知识点 2　拉链款式 2 的绘制方法

（1）拉链款式的不同主要就是拉链齿牙的形状和拉链头的形状不同，接下来尝试画一种稍微复杂的拉链齿牙结构。运用矩形工具和圆形工具分别绘制两个矩形和一个正圆形（绘制正圆形或者正方形时，选中相应工具，在拖曳的过程中同时按住 Ctrl 键）。绘制完成后，按照图 2.4.11 所示进行排列。

图 2.4.11

（2）选中三个元素，在菜单栏中选择"对象"，并在下拉菜单中选择"造型"下拉菜单中的"合并"命令，使其形成一个完整的闭合图形，即独立的拉链齿牙，如图 2.4.12 所示。

图 2.4.12

（3）以垂直方向复制一个拉链齿牙，接下来选择工具箱中的混合工具，单击第一个拉链齿牙，并向第二个齿牙处拖曳，在两个齿牙之间拉一条线，此时两个齿牙之间形成多个等距小齿牙，可在属性栏中的"调和对象"处调整参数（两个齿牙之间等距齿牙的个数）。接下来，选中所有齿牙，单击鼠标右键，在弹出的下拉菜单中执行"组合"命令。复制一组拉链齿牙，错位调整两个齿牙组的位置，使其形成拉链齿牙咬合的效果，如图 2.4.13 所示。

（4）在空白处建立一个空白矩形（长度为拉链长度，根据款式图需求绘制），选中拉链齿组合，按住鼠标右键拖曳至空白矩形框中，此时光标变成圆圈形状，松开鼠标右键，在弹出的下拉菜单中选择"PowerClip"内部（图框精确裁剪内部），这样拉链齿就被置入之前做好的拉链框中。单击鼠标右键，在弹出的下拉菜单中选择"编辑内容"，可以调整置入图形的位置并为其填充颜色，最后将提前绘制好的拉链头放置到合适的位置，如图 2.4.14 所示。

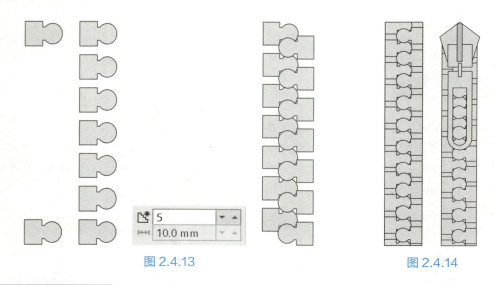

图 2.4.13　　　　　　　　　　　　图 2.4.14

知识点 3　　四眼纽扣的绘制方法

选择工具箱中的椭圆工具，按住 Ctrl 键单击并拖曳绘制出一个正圆形，填充一种颜色。选中绘制好的正圆形，按住 Shift 键，沿着中心点向内复制一个小的正圆形，填充另一种颜色做区分，随后用同样的方法，绘制出四眼纽扣的四个孔洞，如图 2.4.15 所示。

图 2.4.15

知识点 4　运动卡扣的绘制方法

（1）选择矩形工具，绘制出一个矩形，然后选择形状工具，单击其中一个角向内拖曳，使直角矩形变成圆角矩形，随后单击鼠标右键，在弹出的下拉菜单中选择"转换为曲线"，分别选中圆角矩形上面左侧和右侧的两个点，将圆角矩形上边变窄，如图 2.4.16 所示。

图 2.4.16

（2）给调整好的形状填充一种颜色，再建立一个圆角矩形（上边是圆角，下边是直角），全选两个形状，执行菜单栏的"对象"下拉菜单的"造型"中的"移除前面对象"命令，形成上半部分为环形的圆角矩形，如图 2.4.17 所示。

图 2.4.17

（3）运用贝塞尔工具绘制形状并原地复制，摆放到合适的位置，执行菜单栏的"对象"下拉菜单的"造型"中的"移除前面对象"命令，完成运动卡扣的套部分，如图 2.4.18 所示。

图 2.4.18

（4）运用贝塞尔工具绘制运动卡扣的扣部分，绘制深色部分，并镜像复制一个，摆放到合适的位置，运用矩形工具和"移除前面对象"命令绘制下面的环形，然后调整图层关系，效果如图 2.4.19 所示。

（5）运用矩形工具绘制运动卡扣的绳带部分，并运用混合工具绘制绳带的肌理，如图 2.4.20 所示。最终效果如图 2.4.21 所示。

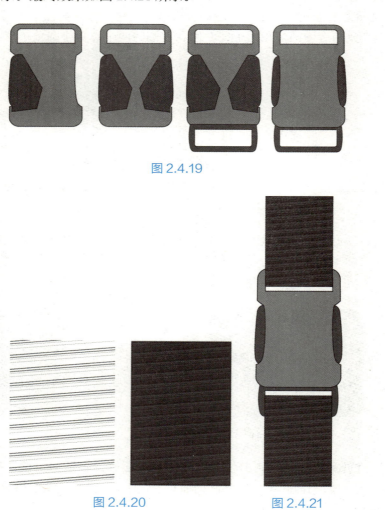

图 2.4.19

图 2.4.20　　　　图 2.4.21

视频：拉链

视频：运动卡扣

CDR 服装款式图绘制

　　项目 2 中介绍了基础的款式图绘制需要的工具和指令，并探索了常见服装与服装辅料局部款式图的绘制方法。从项目 3 开始，实训任务侧重于完整的服装款式图的绘制。在绘制完整的服装款式图的时候，首先需要分析款式的廓形和思考绘图策略。

服装款式图电脑绘制

笔记

项目 3　CDR 服装款式图绘制

实训任务 3.1
女士半裙的款式图绘制

1. 学习情境描述

半裙是最受欢迎的女性夏季单品之一。在日常的人体活动中，下肢的运动领域最广。其主要动作包括：两腿分开的（如走、跑、上、下、跳跃等）动作和两腿并拢的（如站立、弯腰、坐下等）动作。裙子需要适应下肢的广泛运动区域和相应的围度变化，因此制作时必须充分考虑裙下摆、臀围、腰围的松量及裙长等各方面的因素。

2. 学习目标

（1）熟悉常见的各类半裙的款式造型结构。
（2）能够综合运用各类工具和指令灵活绘制完整的半裙造型。

3. 任务书

打开 CorelDRAW2019 软件，新建一个空白文档。参考款式图 3.1.1，综合运用 CorelDRAW2019 的工具与功能，绘制下面这款女士半裙的款式图，并尝试回答任务实施中的几个引导问题。

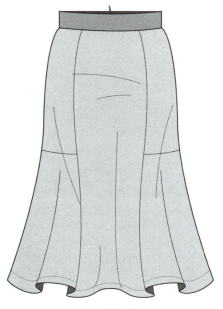

图 3.1.1

4. 任务实施

引导问题 1： 写下这款女士半裙款式图的绘制顺序。

引导问题 2： 分析绘制这款女士半裙款式图都需要用到哪些工具和指令。

引导问题 3： 绘制这款女士半裙款式图应该制定怎样的"组合"策略?

引导问题 4： 怎样设置线型才能使款式图的线条有主次和节奏感?

5. 小提示

（1）绘制完整的服装款式图时应注意合理地"组合"策略，以便后期调整局部细节。

（2）注意不同类型线迹的粗细、形状和颜色的区别。

6. 评价反馈

学生进行自评：能否正确回答任务实施中的引导问题。学生自评打分填入表 3.1.1 中，教师评分填入表 3.1.2 中。

表 3.1.1 学生自评

班级：	姓名：	学号：		
实训任务 3.1	女士半裙款式图绘制			
评价项目	评价标准		分值	得分
软件认知	明确软件界面上相关工具和指令的位置，以及在绘制女士半裙的过程中需要用到的工具		10	
操作认知	能熟练使用贝塞尔工具绘制形状，并合理运用已有元素，通过复制、变形来快速绘图		20	
难点认知	明确图层之间的遮挡关系，结合移除前面对象命令灵活操作		30	
查阅能力	有明确的查阅方向和查阅渠道		20	
发散思维	可以运用所学功能和命令灵活制定绘图策略，提高绘图效率		20	
合计			100	

表 3.1.2　教师评价

班级：		姓名：	学号：	
实训任务 3.1		女士半裙款式图绘制		
评价项目		评价标准	分值	得分
考勤（30%）		无迟到、早退、旷课现象，课堂表现好	100	
工作过程（70%）	软件认知	明确软件界面上相关工具和指令的位置，以及在绘制女士半裙的过程中需要用到的工具	10	
	操作认知	能熟练使用贝塞尔工具绘制形状，并合理运用已有元素，通过复制、变形来快速绘图	20	
	难点认知	明确图层之间的遮挡关系，结合移除前面对象命令灵活操作	30	
	查阅能力	有明确的查阅方向和查阅渠道	20	
	发散思维	可以运用所学功能和命令灵活制定绘图策略，提高绘图效率	20	
合计			100	

7. 学习情境的相关知识点

知识点　女士半裙款式图的绘制方法

（1）新建一个空白页面，分别建立一条水平和垂直的辅助线，参考款式图各个局部和整体的比例，根据自己的参照点，再建立一些参考线，然后选择贝塞尔工具，绘制半裙的左侧廓形。将绘制好的左侧线条原地复制一个，选中复制好的形状，按住 Ctrl 键，将光标放在图 3.1.2 中圈出的点处向右侧拖曳，形成镜像的右侧图形，将左右两侧形状选中，执行"合并"命令，随后选择形状工具，将分开的锚点合成一个点，并填充颜色。

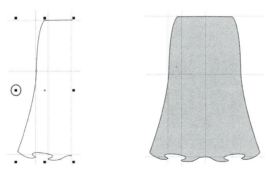

图 3.1.2

（2）运用贝塞尔工具分别绘制图 3.1.3 所示半裙的分割线、缝纫线和褶皱效果线，注意这三种线型的粗细差别。通常情况下，分割线要粗于缝纫线，最细的就是褶皱效果线。绘制时可以将褶皱效果线的颜色调整成深于面料颜色，这样做的目的是分出线迹主次，增加款式图的效果和层次。另外，不同类型的线迹需要分别进行"组合"。

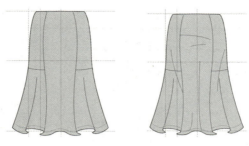

图 3.1.3

（3）运用贝塞尔工具绘制出裙摆露出的面料反面部分，填充深色与面料正面做区分，随后调整图层的顺序，将所有面料反面插片结构选中，执行"组合"命令，单击鼠标右键，选择弹出的下拉菜单的"顺序"子菜单中的"置于此对象后"，此时光标变成黑色箭头形状，单击半裙大身部分，将插片置于裙身图层后，如图 3.1.4 所示。

图 3.1.4

（4）选择矩形工具，绘制矩形，再选中矩形，单击鼠标右键，选择弹出的下拉菜单中的"转换为曲线"，随后选择形状工具，分别选中矩形的四个点，单击属性栏中的"转换为曲线"工具，调出每个点的方向触手，增加矩形上下两条边的曲度，做出腰头的前片，如图 3.1.5 所示。腰头的后片只需绘制一个深色矩形，随后绘制一条拉链置入腰头后片，并摆放拉链头到合适的位置，最后摆放腰头到裙身上，如图 3.1.6 所示。

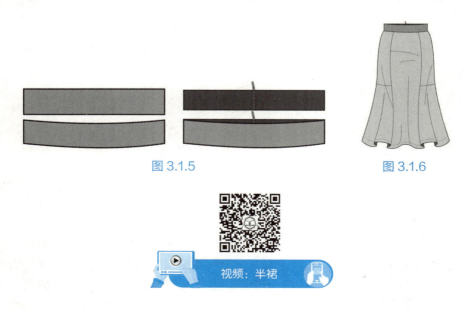

图 3.1.5　　　　　　　　　图 3.1.6

视频：半裙

实训任务 3.2
瑜伽裤的款式图绘制

1. 学习情境描述

瑜伽裤的款式和种类很多,稍微有点弹力就可以当作瑜伽裤,针织的、棉的、麻的都可以。最好是有抽绳的,长度可以根据需要自由调节。瑜伽的动作都比较柔软舒展,而且幅度都比较大。高弹性且贴身的衣物,有利于动作的伸展。所以一身宽松、舒适的衣服可以让身体自由地活动,避免身体、呼吸受到限制,从而让身心放松,感觉良好,让练瑜伽者更加快速地进入瑜伽状态。

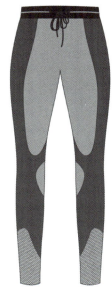

2. 学习目标

(1)熟悉常见的各类瑜伽裤的款式造型结构。
(2)能够综合运用各类工具和指令灵活绘制完整的瑜伽裤造型。

3. 任务书

打开 CorelDRAW2019 软件,新建一个空白文档。参考款式图 3.2.1,综合运用 CorelDRAW2019 的工具与功能,绘制下面这款女士瑜伽裤的款式图,并尝试回答任务实施中的几个引导问题。

图 3.2.1

4. 任务实施

引导问题 1: 写下这款女士瑜伽裤款式图的绘制顺序。

引导问题 2: 分析绘制这款女士瑜伽裤款式图都需要用到哪些工具和指令。

引导问题 3: 绘制这款女士瑜伽裤款式图应该制定怎样的"组合"策略?

服装款式图电脑绘制

引导问题 4：怎样设置线型才能使款式图的线条有主次和节奏感？

_____

_____

5. 小提示

（1）绘制完整的服装款式图时应注意合理地"组合"策略，以便后期调整局部细节。

（2）"Power Clip 内部"可以提高绘图效率。

6. 评价反馈

学生进行自评：能否正确回答任务实施中的引导问题。学生自评打分填入表 3.2.1 中，教师评分填入表 3.2.2 中。

表 3.2.1　学生自评

班级：	姓名：		学号：	
实训任务 3.2	瑜伽裤款式图绘制			
评价项目	评价标准		分值	得分
软件认知	明确软件界面上相关工具和指令的位置，以及在绘制瑜伽裤的过程中需要用到的工具		10	
操作认知	能熟练使用贝塞尔工具绘制形状，并合理运用已有元素，通过复制、变形来快速绘图		20	
难点认知	明确图层之间的遮挡关系，结合 Power Clip 内部命令灵活操作		30	
查阅能力	有明确的查阅方向和查阅渠道		20	
发散思维	可以运用所学功能和命令灵活制定绘图策略，提高绘图效率		20	
合计			100	

表 3.2.2　教师评价

班级：	姓名：		学号：	
实训任务 3.2	瑜伽裤款式图绘制			
评价项目	评价标准		分值	得分
考勤（30%）	无迟到、早退、旷课现象，课堂表现好		100	
工作过程（70%）	软件认知	明确软件界面上相关工具和指令的位置，以及在绘制瑜伽裤的过程中需要用到的工具	10	
	操作认知	能熟练使用贝塞尔工具绘制形状，并合理运用已有元素，通过复制、变形来快速绘图	20	
	难点认知	明确图层之间的遮挡关系，结合 Power Clip 内部命令灵活操作	30	
	查阅能力	有明确的查阅方向和查阅渠道	20	
	发散思维	可以运用所学功能和命令灵活制定绘图策略，提高绘图效率	20	
合计			100	

7. 学习情境的相关知识点

知识点 1　女士瑜伽裤款式图的绘制方法

（1）新建一个空白页面，分别建立一条水平和垂直的辅助线，参考款式图各个局部和整体的比例，根据自己的参照点，再建立一些参考线，然后选择贝塞尔工具，绘制瑜伽裤的左侧廓形。将绘制好的左侧线条原地复制一个，选中复制好的形状，按住 Ctrl 键，将光标放在图 3.2.2 中圈出的点处向右侧拖曳，形成镜像的右侧图形，将左右两侧形状选中，执行"合并"命令，随后选择形状工具，将分开的锚点合成一个点，形成闭合图形。

（2）为瑜伽裤填充一种颜色，运用贝塞尔工具分别绘制瑜伽裤撞色面料部分，选中浅灰色部分，执行"组合"命令，随后单击鼠标右键，选择弹出的下拉菜单中的"Power Clip 内部"，此时光标变成黑色箭头形状，单击瑜伽裤，将刚才绘制的撞色部分置入瑜伽裤廓形，如图 3.2.3 所示。

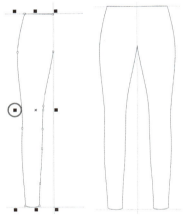

图 3.2.2

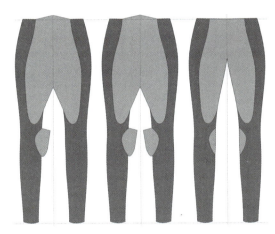

图 3.2.3

（3）运用贝塞尔工具绘制腿部网布部分，并运用 2 点线工具和混合工具绘制网格，接着将网格"Power Clip 内部"置入绘制好的形状中，随后通过复制、镜像摆放到右侧裤腿处。选中左右两侧网格面料，执行"组合"命令，将网格面料以同样的方式置入裤腿处，如图 3.2.4 所示。

（4）运用矩形工具绘制腰头结构，将矩形转换为曲线，调整腰头形状。随后运用贝塞尔工具绘制系带结构，将系带结构的线迹粗细设置为一个相对大的数值，如图 3.2.5 所示。最终效果如图 3.2.6 所示。

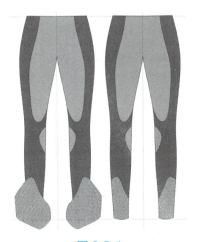

图 3.2.4

服装款式图电脑绘制

图 3.2.5

图 3.2.6

视频：瑜伽裤

3-2-4

实训任务 3.3
女士上衣的款式图绘制

1. 学习情境描述

女士上衣可以分为衬衣、西装上衣、夹克、猎装上衣、牛仔上衣、中式上衣、大衣、旗袍等。

2. 学习目标

（1）熟悉常见的各类上衣的款式造型结构。
（2）能够综合运用各类工具和指令灵活绘制完整的上衣造型。

3. 任务书

打开 CorelDRAW2019 软件，新建一个空白文档。参考款式图 3.3.1，综合运用 CorelDRAW2019 的工具与功能，绘制下面这款女士上衣的款式图，并尝试回答任务实施中的几个引导问题。

图 3.3.1

服装款式图电脑绘制

4. 任务实施

引导问题 1： 写下这款女士上衣款式图的绘制顺序。

引导问题 2： 分析绘制这款女士上衣的款式图都需要用到哪些工具和指令。

引导问题 3： 绘制这款女士上衣的款式图是否应该制定相应的"组合"策略？

引导问题 4： 怎样设置线型才能使款式图的线条有主次和节奏感？

5. 小提示

绘制完整的服装款式图时应注意合理地"组合"策略，以便后期调整局部细节。

6. 评价反馈

学生进行自评：能否正确回答任务实施中的引导问题。学生自评打分填入表 3.3.1 中，教师评分填入表 3.3.2 中。

表 3.3.1　学生自评

班级：	姓名：		学号：	
实训任务 3.3	女士上衣的款式图绘制			
评价项目	评价标准		分值	得分
软件认知	明确在绘制女式上衣时所需要的相关工具和指令的位置与使用方法		10	
操作认知	能熟练操作与绘制上衣款式图相关的工具，有清晰的绘图策略		20	
难点认知	明确图层关系，以及哪些部位应该形成闭合图形，有清楚的绘图顺序		30	
查阅能力	有明确的查阅方向和查阅渠道		20	
发散思维	可在查阅文图和解决问题的过程中受到新事物的启发		20	
合计			100	

表 3.3.2　教师评价

班级：		姓名：	学号：	
实训任务 3.3		女士上衣的款式图绘制		
评价项目		评价标准	分值	得分
考勤（30%）		无迟到、早退、旷课现象，课堂表现好	100	
工作过程（70%）	软件认知	明确在绘制女式上衣时所需要的相关工具和指令的位置与使用方法	10	
	操作认知	能熟练操作与绘制上衣款式图相关的工具，有清晰的绘图策略	20	
	难点认知	明确图层关系，以及哪些部位应该形成闭合图形，有清楚的绘图顺序	30	
	查阅能力	有明确的查阅方向和查阅渠道	20	
	发散思维	可在查阅文图和解决问题的过程中受到新事物的启发	20	
合计			100	

7. 学习情境的相关知识点

知识点　女士上衣款式图的绘制方法

（1）新建一个空白页面，分别建立一条水平和垂直的辅助线，参考款式图各个局部和整体的比例，根据自己的参照点，再建立一些参考线，然后选择贝塞尔工具，绘制服装的左侧廓形。将绘制好的左侧线条原地复制一个，选中复制好的形状，按住 Ctrl 键，将光标放在图 3.3.2 中圈出的点处向右侧拖曳，形成镜像的右侧图形，将左

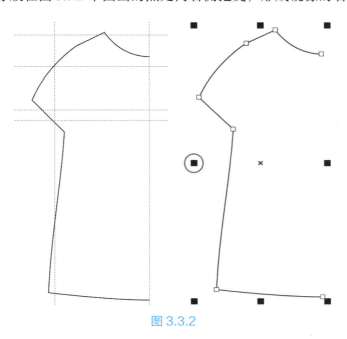

图 3.3.2

右两侧形状选中，执行"合并"命令，随后运用形状工具，将分开的锚点重合，形成图 3.3.3 所示闭合图形，并按照自己的意愿，选择一种颜色进行填充。

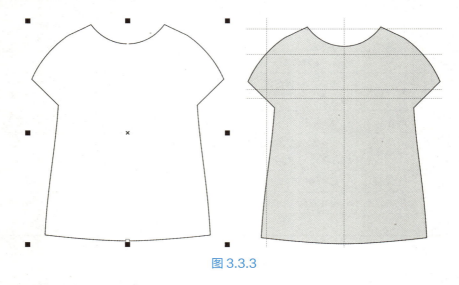

图 3.3.3

（2）在填充好颜色的衣身内部，用贝塞尔曲线分别绘制领口缝迹线和大身分割线与褶皱线，注意缝迹线、分割线和褶皱线需要比外轮廓线细，如图 3.3.4 所示。

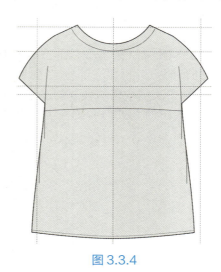

图 3.3.4

（3）将大身部分的轮廓线、分割线、缝纫线和褶皱线加以组合全部选中，单击鼠标右键，弹出下拉菜单，选中"组合"命令。接下来选择贝塞尔工具，开始绘制袖子的外轮廓线，注意要预先设计好褶皱导致的外轮廓线的起伏变化。为了提高作图效率，被遮挡部分的形状可以随意绘制，选中绘制好的袖子，单击鼠标右键，在下拉菜单中选择顺序，将袖子形状置于大身形状后，随后绘制袖子上的缝纫线迹和褶皱线。

（4）运用贝塞尔工具绘制袖子上的半透明荷叶边，如图 3.3.6 所示。在绘制好的荷叶边闭合图形上填充一种颜色，选中荷叶边，在工具栏中选择透明度工具，在属性

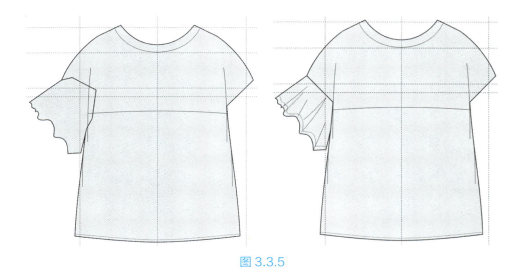

图 3.3.5

栏中选择均匀透明度 ，在透明度参数处输入合适的数字。将左侧荷叶边上的褶皱线绘制好，然后将左侧的袖子和荷叶边等所有元素加以组合，接着原地复制一组，通过镜像建立右侧袖子，如图 3.3.7 所示。

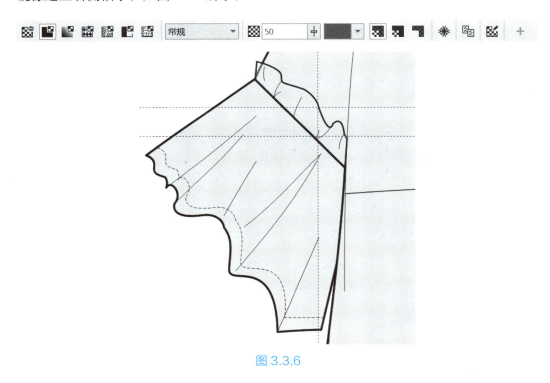

图 3.3.6

（5）运用贝塞尔工具绘制后领造型，如图 3.3.8。随后绘制后领上的缝纫线和拉链造型，将后领上的缝纫线和拉链造型加以组合，如图 3.3.9 所示。在选中的情况下，按住鼠标右键拖曳置入后领口造型内，当光标变成圆形时，松开鼠标右键，在弹出的下拉菜单中选中"PowerClip 内部"（图框精确裁剪内部命令），将缝纫线和拉链造型置入后领口造型内，随后调整后领造型的图层顺序，如图 3.3.10 所示。

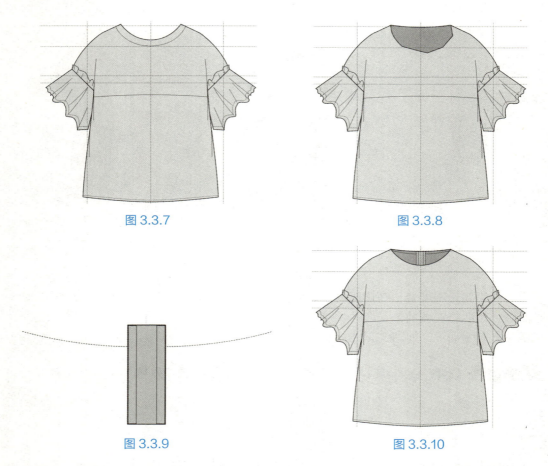

图 3.3.7　　　　　　　　　　　　图 3.3.8

图 3.3.9　　　　　　　　　　　　图 3.3.10

（6）选择贝塞尔工具绘制下摆。采用同样的方法，先绘制左侧部分，然后复制一个，通过镜像得到右侧部分，随后执行"合并"命令，用形状工具将分开的锚点重新合并，形成闭合图形，如图 3.3.11 所示。

图 3.3.11

（7）绘制下摆上的褶皱线和缝纫线，如图 3.3.12 所示。

图 3.3.12

（8）绘制下摆被遮挡住的后片造型，被遮挡处的形状可以随意绘制，绘制好褶皱线后进行组合，然后调整图层顺序，如图 3.3.13 所示。

图 3.3.13

（9）在空白工作区绘制一个黑色矩形，单击鼠标右键，在弹出的下拉菜单中选择"锁定"，以此为黑色界面，通过 2 点线工具 和混合工具 建立白色格子图案，最后将格子图案加以组合，如图 3.3.14 所示。多复制几个，通过"PowerClip 内部"（图框

图 3.3.14

精确裁剪内部命令）将图案置入上衣的各个部分，完成女士上衣款式图的绘制，如图 3.3.15 所示。

图 3.3.15

实训任务 3.4
设计款西装外套的款式图绘制

1. 学习情境描述
　　西装外套是最常见的服装款式之一，以翻驳领、枪驳领、青果领等特殊领型为主要特点，其挺拔利落的廓形也是一大特点。该实训任务以设计款西装外套为例，既完整地练习了西装典型款式的绘制，还增加了一些其他功能的运用。

2. 学习目标
（1）熟悉常见的各类西装外套的款式造型结构。
（2）能够综合运用各类工具和指令灵活绘制完整的西装造型。

3. 任务书
　　打开 CorelDRAW2019 软件，新建一个空白文档。参考款式图 3.4.1，综合运用 CorelDRAW2019 的工具与功能，绘制下面这款设计款西装外套的款式图，并尝试回答任务实施中的几个引导问题。

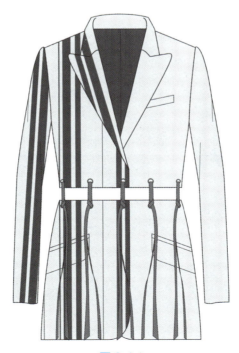

图 3.4.1

4. 任务实施

引导问题 1： 写下这款设计款西装外套款式图的绘制顺序。

引导问题 2： 分析绘制这款设计款西装外套的款式图都需要用到哪些工具和指令。

引导问题 3： 该款式的图案填充需要用到哪个指令？

引导问题 4： 怎样设置线型才能使款式图的线条有主次和节奏感？

5. 小提示

绘制完整的服装款式图时应注意合理地"组合"策略，以便后期调整局部细节。

6. 评价反馈

学生进行自评：能否正确回答任务实施中的引导问题。学生自评打分填入表 3.4.1 中，教师评分填入表 3.4.2 中。

表 3.4.1　学生自评

班级：	姓名：　　　　　　　　　　　　学号：		
实训任务 3.4	设计款西装外套的款式图绘制		
评价项目	评价标准	分值	得分
软件认知	明确软件界面上相关工具和指令的位置，以及在绘制西装造型的过程中需要用到的工具	10	
操作认知	能熟练使用混合工具和图框精确裁剪内部命令	20	
难点认知	明确图层之间的遮挡关系，结合移除前面对象命令灵活操作	30	
查阅能力	有明确的查阅方向和查阅渠道	20	
发散思维	可以运用所学功能和命令灵活制定绘图策略，提高绘图效率	20	
合计		100	

表 3.4.2　教师评价

班级：		姓名：	学号：	
实训任务 3.4		设计款西装外套的款式图绘制		
评价项目		评价标准	分值	得分
考勤（30%）		无迟到、早退、旷课现象，课堂表现好	100	
工作过程（70%）	软件认知	明确软件界面上相关工具和指令的位置，以及在绘制西装造型的过程中需要用到的工具	10	
	操作认知	能熟练使用混合工具和图框精确裁剪内部命令	20	
	难点认知	明确图层之间的遮挡关系，结合移除前面对象命令灵活操作	30	
	查阅能力	有明确的查阅方向和查阅渠道	20	
	发散思维	可以运用所学功能和命令灵活制定绘图策略，提高绘图效率	20	
合计			100	

7. 学习情境的相关知识点

知识点　设计款西装款式图的绘制方法

（1）新建一个空白页面，分别建立一条水平和垂直的辅助线，参考款式图各个局部和整体的比例，根据自己的参照点，再建立一些参考线，然后选择贝塞尔工具，绘制西装枪驳领的左侧廓形。将绘制好的左侧线条原地复制一个，选中复制好的形状，按住 Ctrl 键，向右侧拖曳形成镜像的右侧图形，将左右两侧形状选中，执行"合并"命令，随后运用形状工具，将分开的锚点重合，形成闭合图形，并按照自己的意愿，选择一种颜色进行填充，如图 3.4.2 所示。

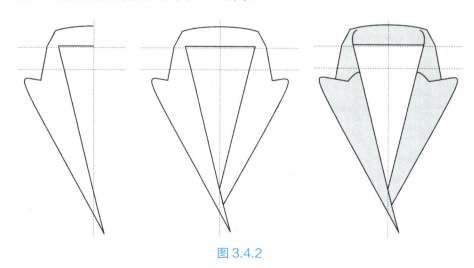

图 3.4.2

（2）运用贝塞尔工具绘制西装左侧部分，形成闭合图形，并填充颜色，如图 3.4.3 所示，注意衣长和领深的比例。

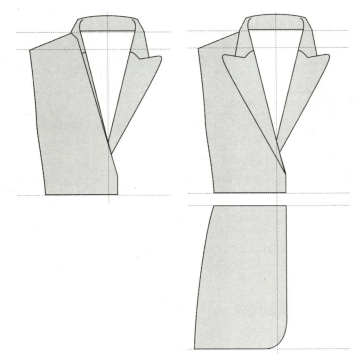

图 3.4.3

（3）选择矩形工具，绘制一个矩形，然后选择形状工具，将光标放在任意一个直角点上，单击向内拖曳，使四个拐角都变成圆角，并在属性栏中将上面两个参数设置为 0，再用矩形工具绘制一个矩形作为袋牙，为袋盖和袋牙填充颜色，并执行"组合"命令，最后变化口袋造型，如图 3.4.4 所示。

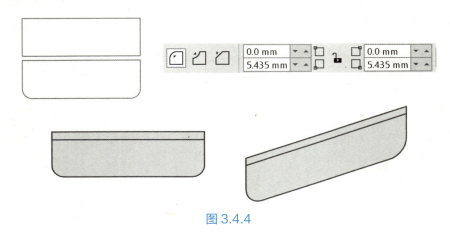

图 3.4.4

（4）选中口袋造型，单击鼠标右键拖曳至西装左片，当光标变成圆形时，松开鼠标右键，在弹出的下拉菜单中选中"Power Clip 内部"（图框精确裁剪内部），然后单击鼠标右键，在弹出的下拉菜单中选择"编辑内部"，调整口袋位置，接着选中西装左侧衣身，原地复制一个，选中复制好的形状，按住 Ctrl 键，向右侧拖曳形成镜像的右侧图形，调整衣身图层至枪驳领后面，如图 3.4.5 所示。

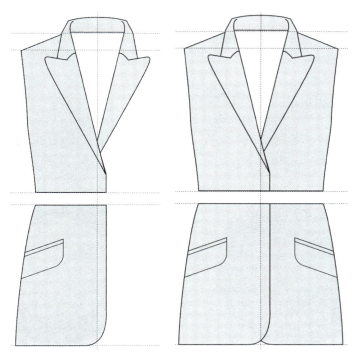

图 3.4.5

(5)运用贝塞尔工具绘制左侧袖子和袖子上的褶皱,注意褶皱线和轮廓线的粗细差别,随后复制出右侧袖子,如图 3.4.6 所示。

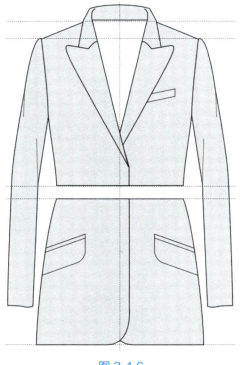

图 3.4.6

（6）选择椭圆工具，按住 Ctrl 键绘制一个正圆形，并复制一个正圆形，调整大小，随后选中两个圆形，在属性栏中选择"对象"下拉菜单的"造型"子菜单中的"移除前面对象"命令，此时两个圆形变成一个圆环，如图 3.4.7 所示。然后将其摆放在西装的腰节处，如图 3.4.8 所示。

（7）运用贝塞尔工具和矩形工具绘制系带部分，通过归纳部分结构的基础形状，采用矩形工具概括性地，绘制出系带打结处，然后选中矩形，单击鼠标右键，在弹出的下拉菜单中选择"转换为曲线"命令，也可以用快捷键 Ctrl+Q 执行命令，随后使用形状工具，结合属性栏中的命令对矩形进行变化，如图 3.4.9 所示。

图 3.4.7

图 3.4.8　　　　　　　　　　图 3.4.9

（8）运用贝塞尔工具绘制系带部分的带子，随后将系带的所有部分加以组合。运用矩形工具绘制一组图案，用图框精确裁剪内部的方式填充到西装的各个部分，最后将系带如图 3.4.10 所示摆放。

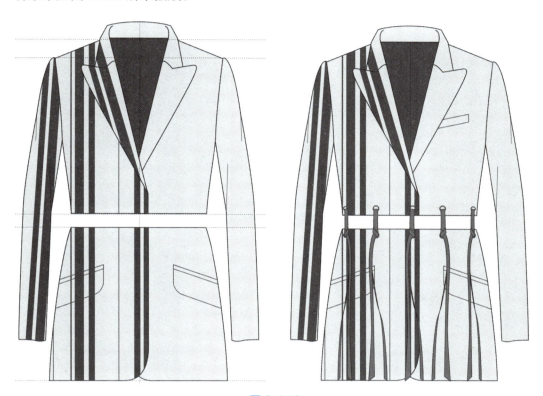

图 3.4.10

服装款式图电脑绘制

笔记

实训任务 3.5
落肩夹克外套的款式图绘制

1. 学习情境描述

休闲外套是最常见的服装款式之一，落肩造型属于宽松型结构，普遍小肩宽，袖窿穿着时在大臂的位置，呈现狭长形。落肩造型服装普遍围度较大，穿着时宽松舒适。同时，宽松型休闲服装上会有很多功能性的辅料设置，比如金属拉链、D字环、猪鼻扣、罗纹领、系带和抽绳等。

2. 学习目标

（1）清楚常见的落肩造型服装款式的造型结构及其特点。
（2）能够综合运用各类工具和指令灵活绘制完整的落肩夹克外套的款式图。

3. 任务书

打开 CorelDRAW2019 软件，新建一个空白文档。参考款式图 3.5.1，综合运用 CorelDRAW2019 的工具与功能，绘制下面这款落肩夹克外套的款式图，并尝试回答任务实施中的几个引导问题。

图 3.5.1

服装款式图电脑绘制

4. 任务实施

引导问题 1： 写下这款落肩夹克外套款式图的绘制顺序。

引导问题 2： 分析绘制这款落肩夹克外套的款式图都需要用到哪些工具和指令。

引导问题 3： 这款落肩夹克外套的款式图上出现了多种辅料，应该制定怎样的绘图策略？

引导问题 4： 绘制这款落肩夹克外套的款式图应制定怎样的"组合"策略？

5. 小提示

（1）绘制完整的服装款式图时应注意合理地"组合"策略，以便后期调整局部细节。

（2）局部辅料可以独立绘制，形成组合，尽量通过复制、变形某个已有元素来提高绘图效率。

6. 评价反馈

学生进行自评：能否正确回答任务实施中的引导问题。学生自评打分填入表 3.5.1 中，教师评分填入表 3.5.2 中。

表 3.5.1　学生自评

班级：	姓名：		学号：		
实训任务 3.5	落肩夹克外套的款式图绘制				
评价项目	评价标准			分值	得分
软件认知	明确软件界面上相关工具和指令的位置，以及在绘制落肩夹克外套的过程中需要用到的工具			10	
操作认知	能熟练使用混合工具和图框精确裁剪内部命令，并合理运用已有元素，通过复制、变形来快速绘图			20	

3-5-2

项目 3　CDR 服装款式图绘制

续表

班级：	姓名：		学号：		
实训任务 3.5	落肩夹克外套的款式图绘制				
评价项目	评价标准			分值	得分
难点认知	明确图层之间的遮挡关系，结合移除前面对象命令灵活操作			30	
查阅能力	有明确的查阅方向和查阅渠道			20	
发散思维	可以运用所学功能和命令灵活制定绘图策略，提高绘图效率			20	
	合计			100	

表 3.5.2　教师评价

班级：		姓名：	学号：		
实训任务 3.5		落肩夹克外套的款式图绘制			
评价项目		评价标准		分值	得分
考勤（30%）		无迟到、早退、旷课现象，课堂表现好		100	
工作过程（70%）	软件认知	明确软件界面上相关工具和指令的位置，以及在绘制落肩夹克外套的过程中需要用到的工具		10	
	操作认知	能熟练使用混合工具和图框精确裁剪内部命令，并合理运用已有元素，通过复制、变形来快速绘图		20	
	难点认知	明确图层之间的遮挡关系，结合移除前面对象命令灵活操作		30	
	查阅能力	有明确的查阅方向和查阅渠道		20	
	发散思维	可以运用所学功能和命令灵活制定绘图策略，提高绘图效率		20	
	合计			100	

7. 学习情境的相关知识点

知识点　　落肩夹克外套款式图的绘制方法

（1）新建一个空白页面，分别建立一条水平和垂直的辅助线，参考款式图各个局部和整体的比例，根据自己的参照点，再建立一些参考线，然后选择贝塞尔工具 ，绘制落肩夹克外套的左侧廓形。将绘制好的左侧线条原地复制一个，选中复制好的形状，按住 Ctrl 键，向右侧拖曳形成镜像的右侧图形，将左右两侧形状选中，执行"合并"命令，随后运用形状工具 ，将分开的锚点重合，形成闭合图形，并按照自己的意愿，选择一种颜色进行填充，如图 3.5.2 所示。

（2）采用同样的绘图策略，使用贝塞尔工具，通过绘制左侧，复制、镜像到右侧，再闭合图形的方式绘制松紧带部分，随后用贝塞尔工具将大身内部的分割线、缝纫线以及褶皱装饰线绘制好，注意这些内部线迹与外轮廓线之间的粗细和颜色差别，如图 3.5.3 所示。

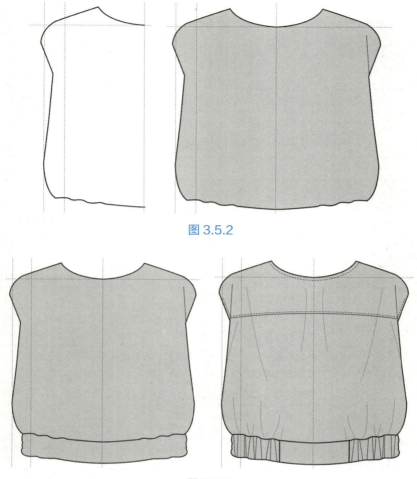

图 3.5.2

图 3.5.3

（3）运用多边形工具绘制拉链头造型。选中多边形工具，在属性栏中将边的数量设置为5，绘制一个五边形，再用矩形工具绘制一个小矩形放在五边形上面。随后运用矩形工具绘制一个拉链头，选中矩形，单击鼠标右键，在弹出的下拉菜单中选择"转换为曲线"，接着用形状工具，将矩形拉链头下方变窄，继续运用矩形工具绘制两个小矩形，在两个小矩形被选中的情况下，单击菜单栏的"对象"下拉菜单的"造型"子菜单中的"合并"命令，形成一个凸字造型，如图 3.5.4 所示摆放，组成完整的拉链头造型。

图 3.5.4

（4）运用矩形工具绘制口袋造型，并设置线迹形状。运用椭圆工具和"移除前面对象"命令绘制金属环，并用贝塞尔工具绘制系带造型，如图 3.5.5 所示。注意，在绘制系带造型时可以运用已有元素进行复制组合，通过形状比例的方式来提高作图效率。

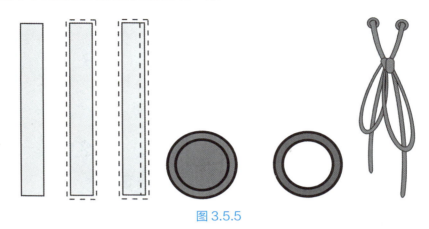

图 3.5.5

（5）如图 3.5.6 所示摆放辅料位置。
（6）运用贝塞尔工具绘制出立领左侧部分，将其完成闭合，随后原地复制一个左侧衣领，如图 3.5.7 所示。

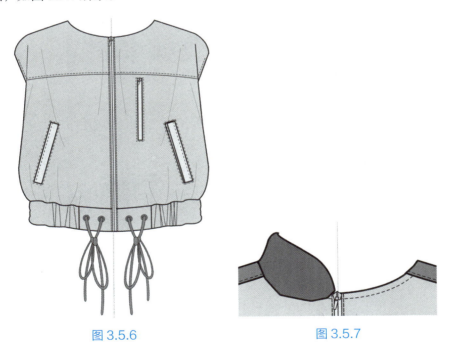

图 3.5.6　　　　　　　　图 3.5.7

（7）选择 2 点线工具 ，绘制两条线段，然后选择混合工具 ，从左向右横向拉一条线，并在属性栏中调整参数，建立一个等距线段组，如图 3.5.8 所示。
（8）全选等距线段组，单击鼠标右键拖曳至左领空白处，在弹出的下拉菜单中选择"Power Clip 内部"（图框精确裁剪内部），将等距线段置入左领内部作为罗纹效果。随后原地复制一个左领，并镜像调整到右侧，如图 3.5.9 所示。

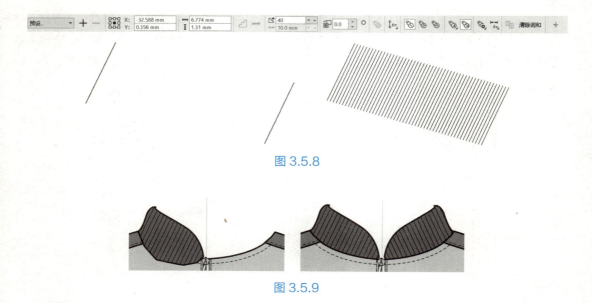

图 3.5.8

图 3.5.9

（9）采用同样的方法，运用矩形工具绘制后领及内部罗纹，调整图层顺序，并运用矩形工具绘制衣服后片和后领缝纫线，如图 3.5.10 所示。

图 3.5.10

（10）运用贝塞尔工具绘制左侧袖子的一部分（用于绘制落肩撞色拼布结构的参照），随后运用贝塞尔工具绘制落肩处撞色拼布结构，并复制得到右侧部分，如图 3.5.11 所示。

图 3.5.11

（11）运用贝塞尔工具绘制剩下的袖子部分，注意先绘制袖子表面，再绘制露出的袖子里布部分，将每个部分上的褶皱线、缝迹线和分割线全部组合，同时注意线迹的粗细区分，另外运用矩形工具和"移除前面对象"命令绘制 D 字扣，如图 3.5.12 所示。

（12）将袖子和袖子上的辅料一并复制到右侧，完成款式图的绘制，如图 3.5.13 所示。

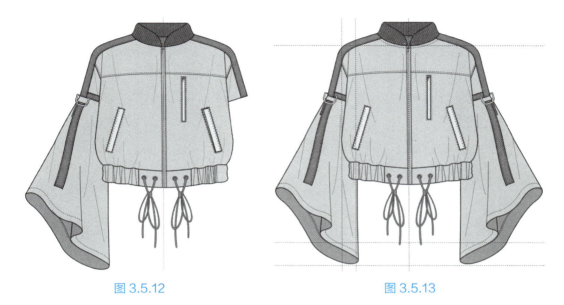

图 3.5.12　　　　　　　　　　　　　图 3.5.13

视频：落肩夹克

服装款式图电脑绘制

笔记

实训任务 3.6
插肩袖连帽假两件卫衣的款式图绘制

1. 学习情境描述

插肩袖连帽假两件卫衣是结构相对复杂的卫衣款式之一。插件袖造型属于相对宽松型结构，普遍小肩宽，袖窿穿着时在大臂的位置，呈现狭长形。落肩造型服装普遍围度较大，穿着时宽松舒适。同时，宽松型休闲服装上会有很多功能性的辅料设置，比如金属拉链、D字环、猪鼻扣、罗纹领、系带和抽绳等。

2. 学习目标

（1）清楚常见的插肩袖连帽假两件卫衣款式的造型结构及其特点。
（2）能够综合运用各类工具和指令灵活绘制完整的插肩袖连帽假两件卫衣的款式图。

3. 任务书

打开 CorelDRAW2019 软件，新建一个空白文档。参考款式图 3.6.1，综合运用 CorelDRAW2019 的工具与功能，绘制下面这款插肩袖连帽假两件卫衣的款式图，并尝试回答任务实施中的几个引导问题。

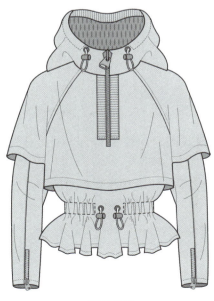

图 3.6.1

4. 任务实施

引导问题 1： 写下这款插肩袖连帽假两件卫衣款式图的绘制顺序。

引导问题 2： 分析绘制这款插肩袖连帽假两件卫衣的款式图都需要用到哪些工具和指令。

引导问题 3： 这款插肩袖连帽假两件卫衣的款式图上出现了几种辅料，应该制定怎样的绘图策略？

引导问题 4： 绘制这款插肩袖连帽假两件卫衣的款式图应制定怎样的"组合"策略？

引导问题 5： 怎样设置线型才能使款式图的线条有主次和节奏感？

5. 小提示

（1）绘制完整的服装款式图时应注意合理地"组合"策略，以便后期调整局部细节。

（2）注意不同类别线迹的粗细、形状和颜色的区别。

（3）"Power Clip 内部"可以提高绘图效率。

6. 评价反馈

学生进行自评：能否正确回答任务实施中的引导问题。学生自评打分填入表 3.6.1 中，教师评分填入表 3.6.2 中。

项目 3　CDR 服装款式图绘制

表 3.6.1　学生自评

班级：	姓名：		学号：		
实训任务 3.6	插肩袖连帽假两件卫衣的款式图绘制				
评价项目	评价标准			分值	得分
软件认知	明确软件界面上相关工具和指令的位置，以及在绘制插肩袖连帽假两件卫衣的款式图过程中需要用到的工具			10	
操作认知	能熟练使用贝塞尔工具绘制形状，并合理运用已有元素，通过复制、变形来快速绘图			20	
难点认知	明确图层之间的遮挡关系，结合 Power Clip 内部命令灵活操作			30	
查阅能力	有明确的查阅方向和查阅渠道			20	
发散思维	可以运用所学功能和命令灵活制定绘图策略，提高绘图效率			20	
合计				100	

表 3.6.2　教师评价

班级：		姓名：	学号：		
实训任务 3.6		插肩袖连帽假两件卫衣的款式图绘制			
评价项目		评价标准		分值	得分
考勤（30%）		无迟到、早退、旷课现象，课堂表现好		100	
工作过程（70%）	软件认知	明确软件界面上相关工具和指令的位置，以及在绘制插肩袖连帽假两件卫衣的款式图过程中需要用到的工具		10	
	操作认知	能熟练使用贝塞尔工具绘制形状，并合理运用已有元素，通过复制、变形来快速绘图		20	
	难点认知	明确图层之间的遮挡关系，结合 Power Clip 内部命令灵活操作		30	
	查阅能力	有明确的查阅方向和查阅渠道		20	
	发散思维	可以运用所学功能和命令灵活制定绘图策略，提高绘图效率		20	
合计				100	

7. 学习情境的相关知识点

知识点　　插肩袖连帽假两件卫衣款式图的绘制方法

（1）新建一个空白页面，分别建立一条水平和垂直的辅助线，参考款式图各个局部和整体的比例，根据自己的参照点，再建立一些参考线，然后选择贝塞尔工具，绘制卫衣的左侧廓形。将绘制好的左侧线条原地复制一个，选中复制好的形状，按住 Ctrl 键，向右侧拖曳形成镜像的右侧图形，将左右两侧形状选中，执行"合并"命令，随后运用形状工具，将分开的锚点重合，形成闭合图形，并按照自己的意愿，选择一种颜色进行填充，如图 3.6.2 所示。

3-6-3

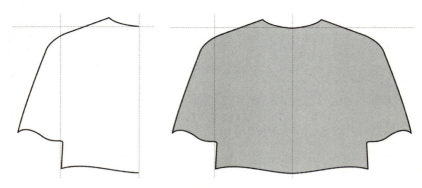

图 3.6.2

（2）运用贝塞尔工具绘制这一片结构上的分割线、缝纫线和褶皱效果线，注意这三种线型的粗细差别。通常情况下，分割线要粗于缝纫线，最细的就是褶皱效果线。可以将褶皱效果线的颜色调整成深于面料颜色，这样做的目的是分出线迹主次，提高款式图的效果和层次，另外不同类型的线迹需要分别进行组合，如图 3.6.3 所示。

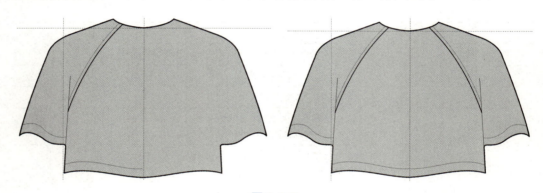

图 3.6.3

（3）在工作区空白处绘制前领口织带辅料，先选择矩形工具 ▭，绘制矩形。运用 2 点线工具 ✎ 和混合工具 ◈ 绘制织带肌理，再运用矩形工具绘制一个较小的矩形，调整线迹为虚线，作为缝纫线迹，如图 3.6.4 所示。

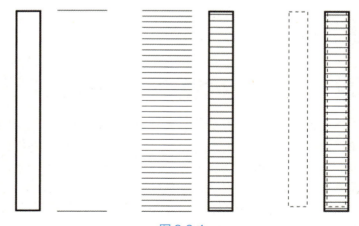

图 3.6.4

（4）将绘制好的织带造型加以组合，并摆放至衣片位置，选择贝塞尔工具，绘制褶皱效果线迹，如图 3.6.5 所示。

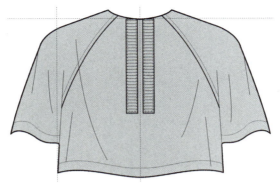

图 3.6.5

（5）运用贝塞尔工具绘制首要部分结构，将绘制好的左侧线条原地复制一个，选中复制好的形状，按住 Ctrl 键，向右侧拖曳形成镜像的右侧图形，将左右两侧形状选中，执行"合并"命令，随后运用形状工具，将分开的锚点重合，形成闭合图形，并按照自己的意愿，选择一种颜色进行填充，如图 3.6.6 所示。

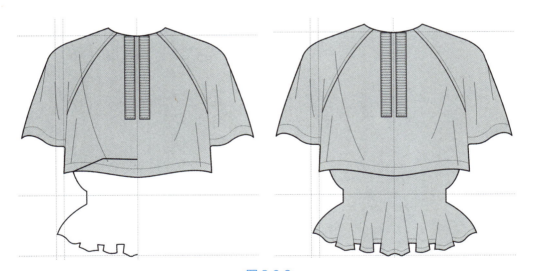

图 3.6.6

（6）运用贝塞尔工具绘制褶皱线和下摆处缝纫线迹，如图 3.6.7 所示。下摆处缝纫线迹还可以通过复制一片下摆，断开两个最边缘的点，并执行"断开曲线"命令删除没用的部分，保留下摆处曲线，改变线型，调整细节。

（7）绘制腰部最细处的松紧带结构。可以运用矩形工具绘制矩形，将其转换为曲线，线迹选择虚线，并用 2 点线工具绘制松紧带效果线，将这一组短线加以组合，之后执行"Power Clip 内部"命令将这组线置入虚线矩形内。随后运用贝塞尔工具绘制松紧带处的褶皱线，注意褶皱线的粗细和颜色，接着复制到右侧，如图 3.6.8 所示。

图 3.6.7

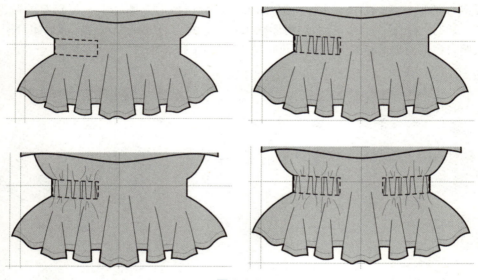

图 3.6.8

（8）选择矩形工具和椭圆工具绘制猪鼻扣造型，结合"移除前面对象"命令和"Powe Clip 内部"命令综合处理形状，如图 3.6.9 所示。

图 3.6.9

（9）摆放金属环和猪鼻扣到图 3.6.10 所示位置，运用贝塞尔工具绘制松紧绳带，并填充颜色，将整个猪鼻扣部分辅料加以组合。

（10）绘制袖子和袖子的分割线、缝迹线及褶皱线，与图 3.6.11 所示。

图 3.6.10

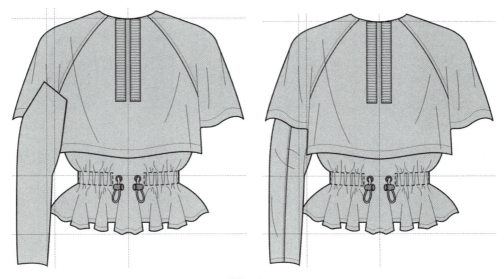

图 3.6.11

（11）在工作区空白处绘制拉链。首先绘制拉链齿牙。运用工具箱中的矩形工具▢和混合工具🖉绘制拉链齿，复制一组拉链齿错位摆放，选中所有矩形，单击鼠标右键，在弹出的下拉菜单中执行"组合"命令。随后绘制一个细长矩形，将拉链齿"Power Clip 内部"到矩形内，如图 3.6.12 所示。

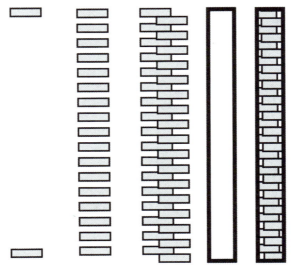

图 3.6.12

（12）绘制拉链头造型。运用矩形工具绘制一个矩形，然后运用形状工具将矩形变成圆角矩形。选择菜单栏的"对象"下拉菜单中的"添加透视"命令，将圆角矩形变成圆角梯形，如图 3.6.13 所示。

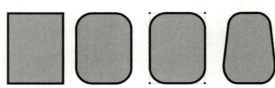

图 3.6.13

（13）运用矩形工具、椭圆工具和"移除前面对象"命令完成拉链吊坠造型。随后运用多边形工具和矩形工具综合完成拉链头造型，如图 3.6.14 所示。

（14）将拉链造型运用"Power Clip 内部"命令置于袖子上，随后将拉链头位置摆放，如图 3.6.15 所示。

图 3.6.14　　　　　　　　图 3.6.15

（15）完成两侧的袖子造型，如图 3.6.16 所示。

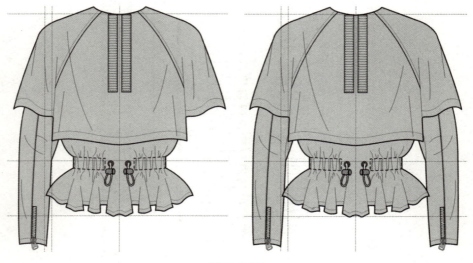

图 3.6.16

（16）运用贝塞尔工具绘制服装露出里布的插片，如图3.6.17所示。

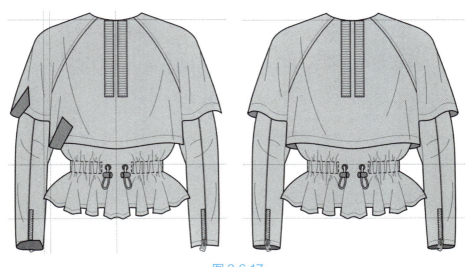

图3.6.17

（17）运用贝塞尔工具绘制卫衣的帽子和帽子上的缝纫线迹与褶皱线，如图3.6.18所示。随后运用贝塞尔工具、2点线工具和混合工具绘制帽子的织带造型，并调整图层顺序，如图3.6.19所示。

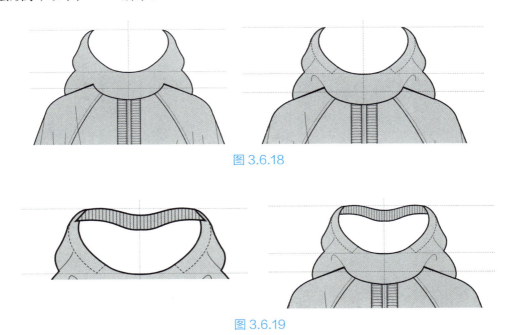

图3.6.18

图3.6.19

（18）运用2点线工具、椭圆工具和混合工具绘制帽子里布部分，调整图层顺序，完成帽子造型部分，如图3.6.20所示。

（19）复制猪鼻扣和拉链造型到卫衣帽子和前中拉链上，随后框选整个卫衣造型，整体调整卫衣的比例，完成该款式图的绘制，如图3.6.21所示。

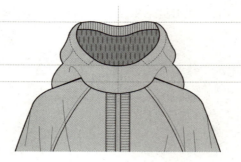

图 3.6.20

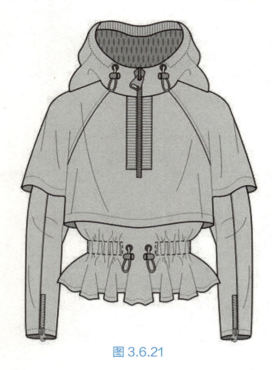

图 3.6.21

实训任务 3.7
连衣裙的款式图绘制

1. 学习情境描述

连衣裙是最受欢迎的女性单品服装之一，裙子上对廓形影响大的部件不多。因此，用CorelDRAW2019设计与表现裙子的款式可以在设计好裙子廓形后直接进行。腰头和门襟是裙子设计的重点部位，也是裙子工艺结构比较复杂的部位，初学者在这方面往往容易出错，要多加注意。连衣裙的腰线比例非常重要，在视觉上起着重要作用。

2. 学习目标

（1）清楚常见的连衣裙款式的造型结构及其特点。

（2）能够综合运用各类工具和指令灵活绘制完整的连衣裙款式图。

3. 任务书

打开CorelDRAW2019软件，新建一个空白文档。参考款式图3.7.1，综合运用CorelDRAW2019的工具与功能，绘制下面这款连衣裙的款式图，并尝试回答任务实施中的几个引导问题。

图3.7.1

4. 任务实施

引导问题1：写下这款连衣裙款式图的绘制顺序。

引导问题2：分析绘制这款连衣裙的款式图都需要用到哪些工具和指令。

服装款式图电脑绘制

引导问题 3：这款连衣裙的款式图上出现了几种辅料，应该制定怎样的绘图策略？

引导问题 4：绘制这款连衣裙的款式图应制定怎样的"组合"策略？

引导问题 5：怎样设置线型才能使款式图的线条有主次和节奏感？

5. 小提示

（1）绘制完整的服装款式图时应注意合理地"组合"策略，以便后期调整局部细节。
（2）注意不同类型线迹的粗细、形状和颜色的区别。
（3）"Power Clip 内部"可以提高绘图效率。

6. 评价反馈

学生进行自评：能否正确回答任务实施中的引导问题。学生自评打分填入表 3.7.1 中，教师评分填入表 3.7.2 中

表 3.7.1　学生自评

班级：	姓名：	学号：		
实训任务 3.7	连衣裙的款式图绘制			
评价项目	评价标准	分值	得分	
软件认知	明确软件界面上相关工具和指令的位置，以及在绘制连衣裙的款式图过程中需要用到的工具	10		
操作认知	能熟练使用贝塞尔工具绘制形状，并合理运用已有元素，通过复制、变形来快速绘图	20		
难点认知	明确图层之间的遮挡关系，结合 Power Clip 内部命令灵活操作，明确透明度工具的使用	30		
查阅能力	有明确的查阅方向和查阅渠道	20		
发散思维	可以运用所学功能和命令灵活制定绘图策略，提高绘图效率	20		
	合计	100		

3-7-2

表 3.7.2 教师评价

班级:		姓名:	学号:	
实训任务 3.7		连衣裙的款式图绘制		
评价项目		评价标准	分值	得分
考勤（30%）		无迟到、早退、旷课现象，课堂表现好	100	
工作过程（70%）	软件认知	明确软件界面上相关工具和指令的位置，以及在绘制连衣裙的款式图过程中需要用到的工具	10	
	操作认知	能熟练使用贝塞尔工具绘制形状，并合理运用已有元素，通过复制、变形来快速绘图	20	
	难点认知	明确图层之间的遮挡关系，结合 Power Clip 内部命令灵活操作，明确透明度工具的使用	30	
	查阅能力	有明确的查阅方向和查阅渠道	20	
	发散思维	可以运用所学功能和命令灵活制定绘图策略，提高绘图效率	20	
合计			100	

7. 学习情境的相关知识点

知识点 连衣裙款式图的绘制方法

（1）新建一个空白页面，分别建立一条水平和垂直的辅助线，参考款式图各个局部和整体的比例，然后选择贝塞尔工具，绘制连衣裙的左侧上片廓形。将绘制好的左侧线条原地复制一个，选中复制好的形状，按住 Ctrl 键，向右侧拖曳形成镜像的右侧图形，将左右两侧形状选中，执行"合并"命令，随后运用形状工具，将分开的锚点重合，形成闭合图形，并按照自己的意愿，选择一种颜色进行填充，如图 3.7.2 所示。

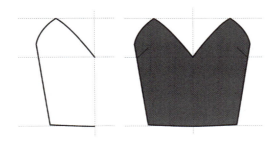

图 3.7.2

（2）用同样的方式绘制吊带裙的下半身，形成闭合图形，如图 3.7.3 所示。随后运用贝塞尔工具绘制吊带和裙身上的褶皱线，如图 3.7.4 所示。

（3）运用椭圆工具和混合工具绘制吊带裙上的波点图案，在属性栏中设置与混合工具相关的"调和对象"参数，随后对成组的波点进行错位复制，如图 3.7.5 所示。将整个波点图案加以组合，单击鼠标右键，选择"PowerClip 内部"将波点图案置入吊带

图 3.7.3　　　　　　　　　　　　图 3.7.4

图 3.7.5

裙中，如图 3.7.6 所示。

（4）运用贝塞尔工具绘制吊带连衣裙外罩裙结构，并运用 2 点线工具绘制上半身打条工艺，再运用贝塞尔工具绘制腰部碎褶和裙摆褶皱效果线，注意线迹的粗细变化，如图 3.7.7 所示。

（5）复制得到对称的裙身，选择工具箱中的透明度工具，选中裙身造型，在属性栏中单击均匀透明度图标，设置透明度参数和"填充"（仅对填充内容设置透

图 3.7.6　　　　　　　　　图 3.7.7

明度），如图 3.7.8 所示。效果如图 3.7.9 所示。

图 3.7.8

图 3.7.9

（6）运用贝塞尔工具绘制袖子部分，注意因为罩裙是透明的，所以袖子与衣身连接处一定要完全重合，并且设置同样的透明度参数。另外，因为该款式大身的复杂性，袖子的线条可以概括简练，分清绘制过程中的主次，这样更能凸显款式图的层次，随后复制出右侧袖子，如图 3.7.10 所示。

图 3.7.10

（7）运用矩形工具绘制后领贴布，再绘制后领贴宽度和高度，随后运用形状工具将底边两个直角变成曲线，给领贴填充颜色，调整图层关系，如图 3.7.11 所示。

图 3.7.11

（8）运用贝塞尔工具绘制领口花边领，先绘制廓形，再设置透明度，最后运用贝塞尔工具绘制褶皱线，如图 3.7.12 所示。

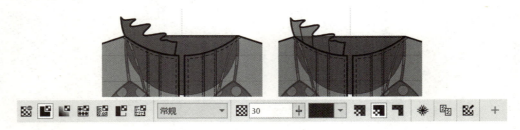

图 3.7.12

（9）绘制褶皱插片。因为面料是透明的，所以绘制时要将插片的外边缘线藏到花边领的外轮廓线中，尽量做到线迹重合，再将几个插片结构加以组合，随后调整图层顺序，将花边领左侧部分复制粘贴到右侧，如图 3.7.13 所示。

（10）采用同样的方法绘制后花边领造型，调整图层顺序，如图 3.7.14 所示。整体效果如图 3.7.15 所示。

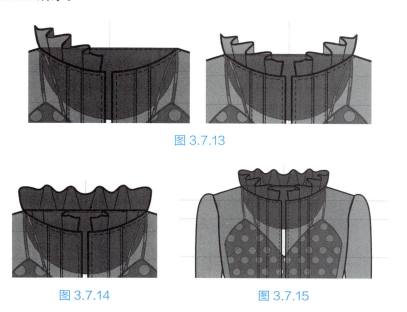

图 3.7.13

图 3.7.14　　　　　　　图 3.7.15

（11）运用矩形工具和椭圆工具绘制扣子造型，如图 3.7.16 所示。随后组合扣子造型，选择混合工具制作一组等距扣子摆放到衣身前中位置，如图 3.7.17 所示。

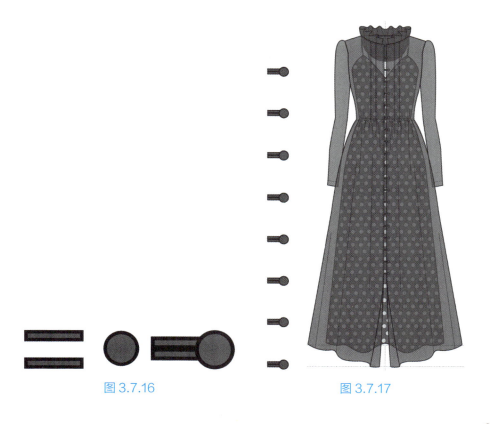

图 3.7.16　　　　　　　图 3.7.17

（12）运用贝塞尔曲线绘制连衣裙罩裙的后片，调整图层顺序，完成整个连衣裙款式图的绘制，如图 3.7.18 所示。

图 3.7.18

项目 3　CDR 服装款式图绘制

实训任务 3.8
毛领夹克的款式图绘制（企业实例）

1. 学习情境描述

夹克是常见的服装品类之一，包括飞行员夹克、棒球夹克、猎装夹克、牛仔夹克等各种类别。因此，当代的夹克设计呈现多元化。夹克的造型中多在领口、袖口、下摆、口袋和门襟等处有设计，也常会出现一些功能性的口袋结构，比如隐形口袋、风琴口袋和防盗口袋等。

2. 学习目标

（1）清楚常见的夹克款式的造型结构及其特点。
（2）能够综合运用各类工具和指令灵活绘制完整的夹克款式图。

3. 任务书

图 3.8.1 所示为常州华丽达服装集团有限公司外贸业务的工艺单中的款式图一页。打开 CorelDRAW2019 软件，新建一个空白文档。参考其中的款式图，综合运用 CorelDRAW2019 的工具与功能，绘制下面这款毛领夹克的款式图，并尝试回答任务实施中的几个引导问题。

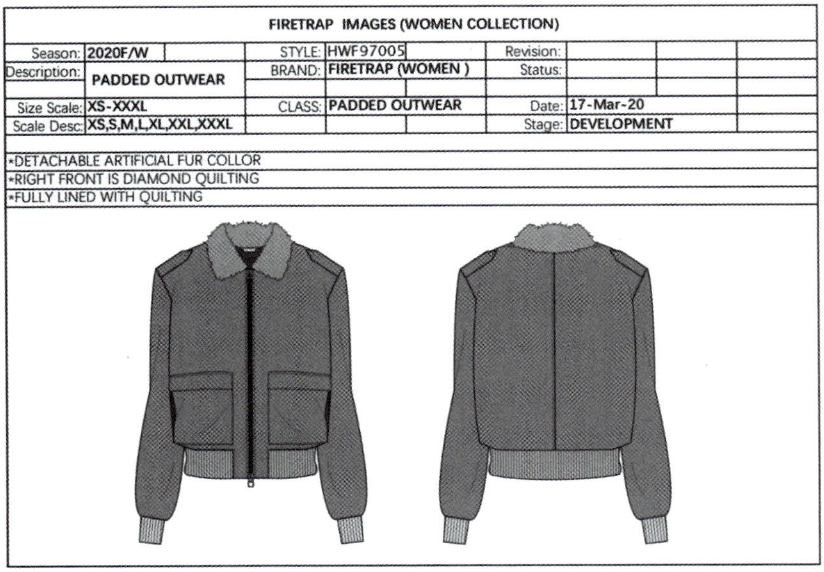

FIRETRAP IMAGES (WOMEN COLLECTION)						
Season:	2020F/W		STYLE:	HWF97005	Revision:	
Description:	PADDED OUTWEAR		BRAND:	FIRETRAP (WOMEN)	Status:	
Size Scale:	XS-XXXL		CLASS:	PADDED OUTWEAR	Date:	17-Mar-20
Scale Desc:	XS,S,M,L,XL,XXL,XXXL				Stage:	DEVELOPMENT

*DETACHABLE ARTIFICIAL FUR COLLOR
*RIGHT FRONT IS DIAMOND QUILTING
*FULLY LINED WITH QUILTING

图 3.8.1

3-8-1

4. 任务实施

引导问题 1： 写下这款毛领夹克款式图的绘制顺序。

引导问题 2： 分析绘制这款毛领夹克的款式图都需要用到哪些工具和指令。

引导问题 3： 这款毛领夹克的款式图上出现了几种辅料，应该制定怎样的绘图策略？

引导问题 4： 绘制这款毛领夹克的款式图应制定怎样的"组合"策略？

引导问题 5： 怎样设置线型才能使款式图的线条有主次和节奏感？

5. 小提示

（1）绘制完整的服装款式图时应注意合理地"组合"策略，以便后期调整局部细节。

（2）注意不同类型线迹的粗细、形状和颜色的区别。

（3）"Power Clip 内部"可以提高绘图效率。

6. 评价反馈

学生进行自评：能否正确回答任务实施中的引导问题。学生自评打分填入表 3.8.1 中，教师评分填入表 3.8.2 中。

项目 3　CDR 服装款式图绘制

表 3.8.1　学生自评

班级：	姓名：		学号：		
实训任务 3.8	毛领夹克款式图绘制（企业实例）				
评价项目	评价标准			分值	得分
软件认知	明确软件界面上相关工具和指令的位置，以及在绘制毛领夹克的款式图过程中需要用到的工具			10	
操作认知	能熟练使用贝塞尔工具绘制形状，并合理运用已有元素，通过复制、变形来快速绘图			20	
难点认知	明确图层之间的遮挡关系，熟练使用手绘工具			30	
查阅能力	有明确的查阅方向和查阅渠道			20	
发散思维	可以运用所学功能和命令灵活制定绘图策略，提高绘图效率			20	
合计				100	

表 3.8.2　教师评价

班级：		姓名：		学号：		
实训任务 3.8		毛领夹克款式图绘制（企业实例）				
评价项目		评价标准			分值	得分
考勤（30%）		无迟到、早退、旷课现象，课堂表现好			100	
工作过程（70%）	软件认知	明确软件界面上相关工具和指令的位置，以及在绘制毛领夹克的款式图过程中需要用到的工具			10	
	操作认知	能熟练使用贝塞尔工具绘制形状，并合理运用已有元素，通过复制、变形来快速绘图			20	
	难点认知	明确图层之间的遮挡关系，熟练使用手绘工具			30	
	查阅能力	有明确的查阅方向和查阅渠道			20	
	发散思维	可以运用所学功能和命令灵活制定绘图策略，提高绘图效率			20	
合计					100	

7. 学习情境的相关知识点

知识点　　毛领夹克款式图的绘制方法

（1）新建一个空白页面，分别建立一条水平和垂直的辅助线，参考款式图各个局部和整体的比例，然后选择贝塞尔工具 ，绘制夹克大身的左片，注意各个局部的结构变化，如图 3.8.2 所示。

（2）运用矩形工具绘制口袋，先绘制一个矩形，然后用"转换为曲线"工具改变矩形的造型，以此方式完成口袋各个部分的造型，注意绘制缝纫线迹，如图 3.8.3 所示。

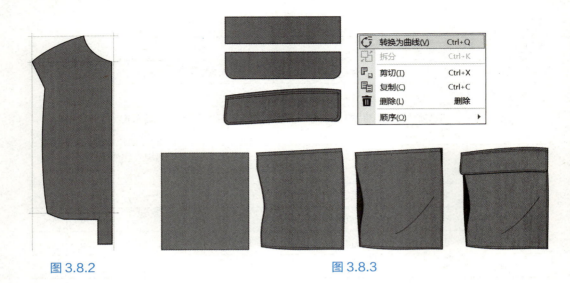

图 3.8.2　　　　　　　　图 3.8.3

（3）将口袋各个组件加以组合后，摆放到衣身上，接着运用贝塞尔工具绘制下摆处的拼接罗纹，拼接罗纹内运用两点线工具和混合工具以及"Power Clip 内部"命令填充等距条纹，表示罗纹效果，如图 3.8.4 所示。

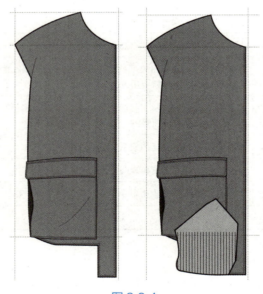

图 3.8.4

（4）运用贝塞尔工具绘制袖子和肩襻造型，完成左侧衣袖造型后，将左侧各个元素全选，执行"组合"命令，通过原地复制、镜像操作得到夹克前片对称造型，如图 3.8.5 所示。

（5）参考前面章节绘制拉链和拉链头的方法绘制夹克外套前中双头拉链造型，如图 3.8.6 所示。

（6）运用矩形工具绘制夹克后领露出的里布部分和后领唛头部分，调整图层顺序，如图 3.8.7 所示。

项目 3　CDR 服装款式图绘制

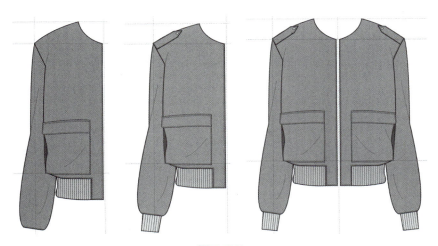

图 3.8.5

图 3.8.6

图 3.8.7

（7）运用手绘工具 ，绘制毛领部分。为了让毛领部分的造型准确合理，可以先用 2 点线工具或者一个简易的领型作参考，随后用手绘工具绘制毛领，以同样的方式绘制出完整的领子部分，调整毛领的图层顺序，最后组合整个毛领夹克外套，完成其款式图的绘制，如图 3.8.8 所示。最终效果如图 3.8.9 所示。

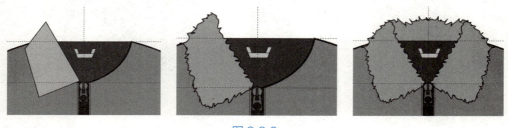

图 3.8.8

图 3.8.9

实训任务 3.9
大衣的款式图绘制

1. 学习情境描述

大衣是常见的服装品类之一，通常穿在套装外面，具有防风防寒的功能。现代大衣的设计很丰富，有很多精致的细节。通常，大衣的设计重点在口袋、领型、廓形和结构分割上。大衣的结构大气，廓形干净利落，所以在设计上需要主次分明。

2. 学习目标

（1）清楚常见的大衣款式的造型结构及其特点。
（2）能够综合运用各类工具和指令灵活绘制完整的大衣款式图。

3. 任务书

打开 CorelDRAW2019 软件，新建一个空白文档。参考款式图 3.9.1，综合运用 CorelDRAW2019 的工具与功能，绘制下面这款大衣的款式图，并尝试回答任务实施中的几个引导问题。

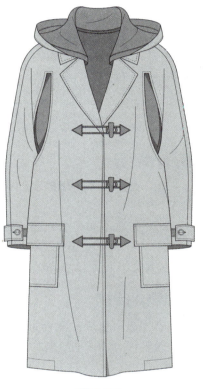

图 3.9.1

4. 任务实施

引导问题 1：写下这款大衣款式图的绘制顺序。

引导问题 2：分析绘制这款大衣的款式图都需要用到哪些工具和指令。

服装款式图电脑绘制

引导问题 3： 这款大衣的款式图上出现了几种辅料，应该制定怎样的绘图策略？

_____

_____

引导问题 4： 绘制这款大衣的款式图应制定怎样的"组合"策略？

_____

_____

引导问题 5： 怎样设置线型才能使款式图的线条有主次和节奏感？

_____

_____

5. 小提示

（1）绘制完整的服装款式图时应注意合理地"组合"策略，以便后期调整局部细节。

（2）注意不同类型线迹的粗细、形状和颜色的区别。

（3）"Power Clip 内部"可以提高绘图效率。

6. 评价反馈

学生进行自评：能否正确回答任务实施中的引导问题。学生自评打分填入表 3.9.1 中，教师评分填入表 3.9.2 中。

表 3.9.1　学生自评

班级：	姓名：		学号：	
实训任务 3.9	大衣的款式图绘制			
评价项目	评价标准		分值	得分
软件认知	明确软件界面上相关工具和指令的位置，以及在绘制大衣的款式图过程中需要用到的工具		10	
操作认知	能熟练使用贝塞尔工具绘制形状，并合理运用已有元素，通过复制、变形来快速绘图		20	
难点认知	明确图层之间的遮挡关系，熟练使用手绘工具		30	
查阅能力	有明确的查阅方向和查阅渠道		20	
发散思维	可以运用所学功能和命令灵活制定绘图策略，提高绘图效率		20	
合计			100	

表 3.9.2 教师评价

班级：		姓名：	学号：	
实训任务 3.9		大衣的款式图绘制		
评价项目		评价标准	分值	得分
考勤（30%）		无迟到、早退、旷课现象，课堂表现好	100	
工作过程（70%）	软件认知	明确软件界面上相关工具和指令的位置，以及在绘制大衣的款式图过程中需要用到的工具	10	
	操作认知	能熟练使用贝塞尔工具绘制形状，并合理运用已有元素，通过复制、变形来快速绘图	20	
	难点认知	明确图层之间的遮挡关系，熟练使用手绘工具	30	
	查阅能力	有明确的查阅方向和查阅渠道	20	
	发散思维	可以运用所学功能和命令灵活制定绘图策略，提高绘图效率	20	
合计			100	

7. 学习情境的相关知识点

知识点　　大衣款式图的绘制方法

（1）新建一个空白页面，分别建立一条水平和垂直的辅助线，参考款式图各个局部和整体的比例，然后选择贝塞尔工具，绘制大衣大身的左片，注意各个局部的结构变化，尤其是预留出口袋处的起伏变化，如图 3.9.2 所示。

（2）在工作区空白处运用矩形工具绘制口袋造型，通过"Power Clip 内部"功能置入大身内部，随后运用贝塞尔工具绘制翻领造型，如图 3.9.3 所示。

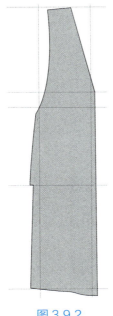

图 3.9.2

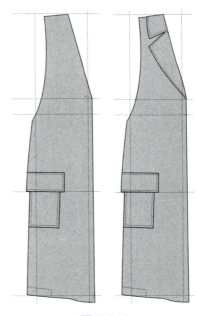

图 3.9..3

（3）运用贝塞尔工具绘制袖子外轮廓形状，调整图层顺序，随后运用贝塞尔工具绘制前胸宽处镂空造型，如图3.9.4所示。

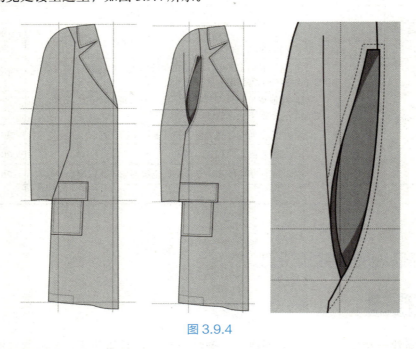

图3.9.4

（4）运用2点线工具在袖笼处绘制一个形状，为这个形状填充大身的颜色，将边缘线设置为"无"，调整图层顺序，随后运用贝塞尔工具绘制外袖缝。

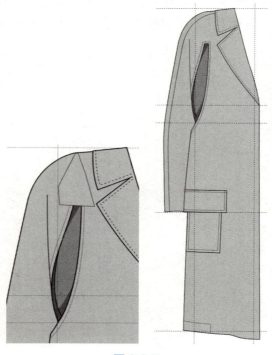

图3.9.5

（5）运用贝塞尔工具绘制袖口造型和褶皱效果，如图 3.9.6 所示。完成左侧大身、领子和袖子的结构后，全选并执行"组合"命令，通过复制、镜像得到右侧部分，如图 3.9.7 所示。

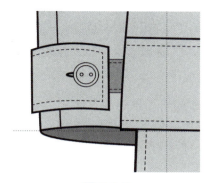

图 3.9.6

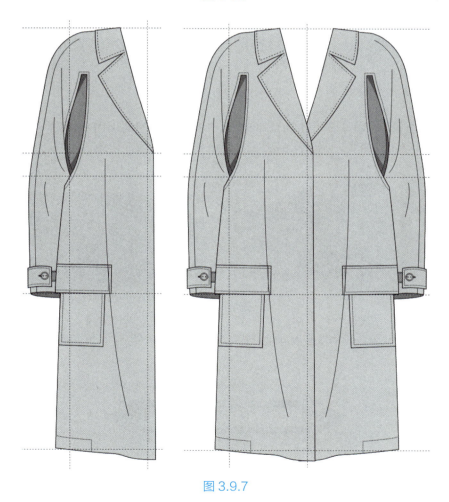

图 3.9.7

（6）运用贝塞尔工具绘制帽子造型，先绘制帽里部分，再绘制左侧轮廓，最后绘制内部褶皱线和缝迹线，如图 3.9.8 所示。

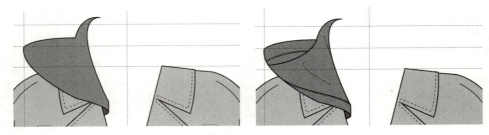

图 3.9.8

（7）运用贝塞尔工具绘制帽子面部的浅色部分，完成整个帽子左侧部分后，执行"组合"命令，通过复制、镜像得到右侧部分，如图3.9.9所示。

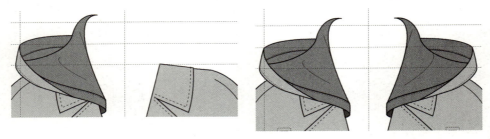

图 3.9.9

（8）运用贝塞尔工具绘制帽子后面的空白部分，再绘制出闭合图形，随后绘制里布部分和领口处缝纫线，调整图层顺序，完成帽子的绘制，如图3.9.10所示。

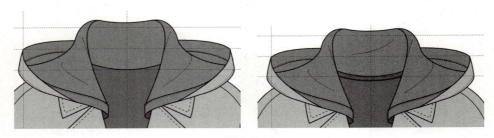

图 3.9.10

（9）运用形状工具和"移除前面对象"命令，综合绘制牛角扣整体造型，如图3.9.11所示。

图 3.9.11

（10）将绘制好的牛角扣部分加以组合，随后摆放扣子到合适的位置，最后整体运用贝塞尔工具绘制大身的褶皱线，注意褶皱线粗细的设置，全选所有元素，执行"组合"命令，完成大衣款式图的绘制，如图3.9.12所示。

项目 3　CDR 服装款式图绘制

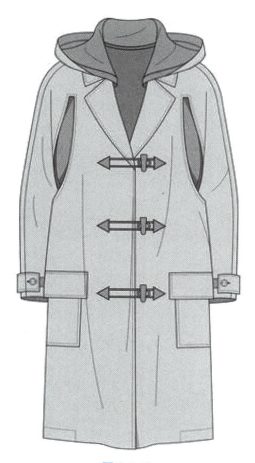

图 3.9.12

服装款式图电脑绘制

📄 笔记

项目 3　CDR 服装款式图绘制

实训任务 3.10

印花抹胸小礼服裙的款式图绘制（企业实例）

1. 学习情境描述

女士礼服种类非常丰富，根据不同的场合和需求可以有多种分类，并且在款式上通常比日常成衣的设计要夸张和艺术化。女士礼服的设计相比于成衣更复杂，主要体现在结构、面料和工艺等方面。因此，女士礼服款式图的绘制更为复杂，细节更多。

2. 学习目标

（1）能够有效分析各类礼服款式图的绘制方法。
（2）能够综合运用各类工具和指令灵活绘制完整的礼服款式图。

3. 任务书

图 3.10.1 所示为常州华丽达服装集团有限公司的外贸晚礼服订单之一。打开 CorelDRAW2019 软件，新建一个空白文档。参考其中的款式图，综合运用 CorelDRAW2019 的工具与功能，绘制下面这款印花抹胸小礼服裙的款式图，并尝试回答任务实施中的几个引导问题。

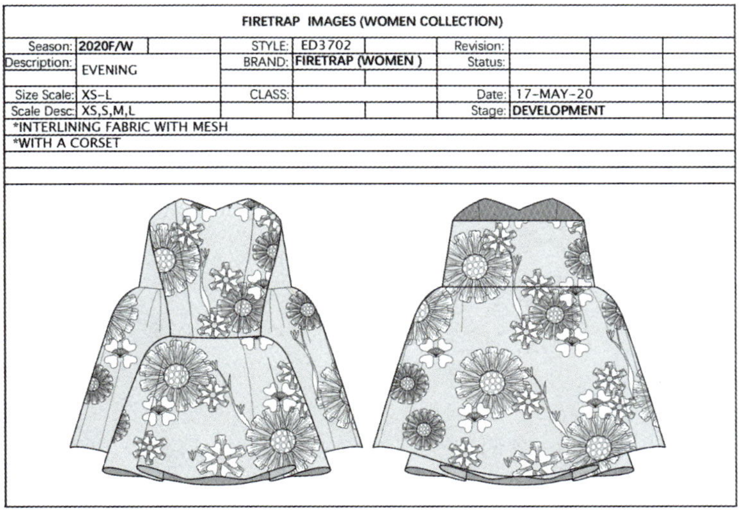

图 3.10.1

3-10-1

服装款式图电脑绘制

4. 任务实施

引导问题 1： 写下这款印花抹胸小礼服裙款式图的绘制顺序。

引导问题 2： 分析绘制这款印花抹胸小礼服裙款式图都需要用到哪些工具和指令。

引导问题 3： 这款印花抹胸小礼服裙款式图的印花部分应该制定怎样的绘图策略？

引导问题 4： 绘制这款印花抹胸小礼服裙款式图应制定怎样的"组合"策略？

引导问题 5： 怎样设置线型才能使款式图的线条有主次和节奏感？

5. 小提示

（1）绘制完整的服装款式图时应注意合理地"组合"策略，以便后期调整局部细节。

（2）注意不同类型线迹的粗细、形状和颜色的区别。

（3）"Power Clip 内部"可以提高绘图效率。

6. 评价反馈

学生进行自评：能否正确回答任务实施中的引导问题。学生自评打分填入表 3.10.1 中，教师评分填入表 3.10.2 中。

项目 3　CDR 服装款式图绘制

表 3.10.1　学生自评

班级：	姓名：	学号：		
实训任务 3.10	印花抹胸小礼服裙款式图绘制（企业实例）			
评价项目	评价标准		分值	得分
软件认知	明确软件界面上相关工具和指令的位置，以及在绘制礼服的款式图过程中需要用到的工具		10	
操作认知	能熟练使用贝塞尔工具绘制形状，并合理运用已有元素，通过复制、变形来快速绘制印花部分		20	
难点认知	明确图层之间的遮挡关系，熟练使用"Power Clip 内部"命令		30	
查阅能力	有明确的查阅方向和查阅渠道		20	
发散思维	可以运用所学功能和命令灵活制定绘图策略，提高绘图效率		20	
合计			100	

表 3.10.2　教师评价

班级：		姓名：	学号：		
实训任务 3.10		印花抹胸小礼服裙款式图绘制（企业实例）			
评价项目		评价标准		分值	得分
考勤（30%）		无迟到、早退、旷课现象，课堂表现好		100	
工作过程（70%）	软件认知	明确软件界面上相关工具和指令的位置，以及在绘制礼服的款式图过程中需要用到的工具		10	
	操作认知	能熟练使用贝塞尔工具绘制形状，并合理运用已有元素，通过复制、变形来快速绘制印花部分		20	
	难点认知	明确图层之间的遮挡关系，熟练使用"Power Clip 内部"命令		30	
	查阅能力	有明确的查阅方向和查阅渠道		20	
	发散思维	可以运用所学功能和命令灵活制定绘图策略，提高绘图效率		20	
合计				100	

7. 学习情境的相关知识点

知识点　印花抹胸小礼服裙款式图的绘制方法

（1）新建一个空白页面，分别建立一条水平和垂直的辅助线，参考款式图各个局部和整体的比例，根据自己的参照点，再建立一些参考线，然后选择贝塞尔工具，绘制抹胸部分的左侧廓形。将绘制好的左侧线条原地复制一个，选中复制好的形状，按住 Ctrl 键，向右侧拖曳形成镜像的右侧图形，将左右两侧形状选中，执行"合并"

3-10-3

命令，随后运用形状工具，将分开的锚点重合，形成闭合图形，并按照自己的意愿，选择一种颜色进行填充，接着绘制出公主线、分割线结构，如图 3.10.2 所示。

图 3.10.2

（2）采用同样的方法绘制下半身裙子下摆造型，注意需要预先设计好褶皱的结构和位置，形成闭合图形，并填充颜色，如图 3.10.3 所示。

图 3.10.3

（3）运用贝塞尔工具绘制裙身的褶皱线，注意褶皱线的粗细参数设置要小于外轮廓线和分割线，如图 3.10.4 所示。

（4）运用贝塞尔工具绘制裙摆褶皱处插片，调整图层顺序，如图 3.10.5 所示。

图 3.10.4　　　　　　　图 3.10.5

（5）参考前片裙摆造型绘制后片裙摆，填充成深色，调整图层顺序到前片裙摆的后面，如图 3.10.6 所示。

（6）运用贝塞尔工具绘制抹胸连衣裙后身独立造型，并绘制独立造型的褶皱线和分割线，如图 3.10.7 所示。

图 3.10.6　　　　　　　图 3.10.7

（7）调整图层顺序，将独立造型置于大身图层后面，如图 3.10.8 所示。

图 3.10.8

（8）运用椭圆工具和贝塞尔曲线绘制图案部分，分别绘制图案的独立元素部分，绘制图案时需要灵活运用已有元素进行旋转复制，完成组合的图形，如图 3.10.9 所示。

（9）将整个礼服裙子的款式加以组合，单击鼠标右键，在弹出的下拉菜中执行"锁定"命令，此时小礼服款式图不能移动，随后摆放各个印花元素到合适的位置，如图 3.10.10 所示。

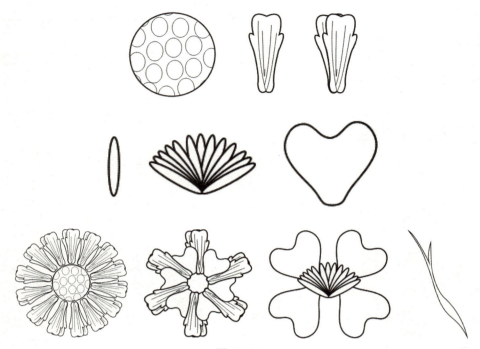

图 3.10.9

图 3.10.10

（10）摆放好图案元素后，参考款式图位置，将抹胸、裙摆、后身三个部分的图案加以组合，然后"解锁"小礼服款式图，将三个部分的图案分别以"Power Clip 内部"的方式置于小礼服款式图内，完成小礼服款式图的绘制，如图 3.10.11 所示。

项目 3　CDR 服装款式图绘制

图 3.10.11

视频：礼服

服装款式图电脑绘制

📝 笔记

附录

CorelDRAW 快捷键

主界面

显示导航窗口（Navigator window）	【N】
保存当前的图形	【Ctrl】+【S】
打开编辑文本对话框	【Ctrl】+【Shift】+【T】
擦除图形的一部分或将一个对象分为两个封闭路径	【X】
撤消上一次的操作	【Ctrl】+【Z】
撤消上一次的操作	【Alt】+【Backspace】
垂直定距对齐选择对象的中心	【Shift】+【A】
垂直分散对齐选择对象的中心	【Shift】+【C】
垂直对齐选择对象的中心	【C】
将文本更改为垂直排布（切换式）	【Ctrl】+【.】
打开一个已有绘图文档	【Ctrl】+【O】
打印当前的图形	【Ctrl】+【P】
打开"大小工具卷帘"	【Alt】+【F10】
运行缩放动作然后返回前一个工具	【F2】
运行缩放动作然后返回前一个工具	【Z】
导出文本或对象到另一种格式	【Ctrl】+【E】
导入文本或对象	【Ctrl】+【I】
发送选择的对象到后面	【Shift】+【B】
将选择的对象放置到后面	【Shift】+【PageDown】
发送选择的对象到前面	【Shift】+【T】
将选择的对象放置到前面	【Shift】+【PageUp】
发送选择的对象到右面	【Shift】+【R】
发送选择的对象到左面	【Shift】+【L】
将文本对齐基线	【Alt】+【F12】
将对象与网格对齐（切换）	【Ctrl】+【Y】
对齐选择对象的中心到页中心	【P】
绘制对称多边形	【Y】
拆分选择的对象	【Ctrl】+【K】
将选择对象的分散对齐舞台水平中心	【Shift】+【P】
将选择对象的分散对齐页面水平中心	【Shift】+【E】
打开"封套工具卷帘"	【Ctrl】+【F7】
打开"符号和特殊字符工具卷帘"	【Ctrl】+【F11】
复制选定的项目到剪贴板	【Ctrl】+【C】
复制选定的项目到剪贴板	【Ctrl】+【Ins】
设置文本属性的格式	【Ctrl】+【T】
恢复上一次的"撤消"操作	【Ctrl】+【Shift】+【Z】
剪切选定对象并将它放置在"剪贴板"中	【Ctrl】+【X】
剪切选定对象并将它放置在"剪贴板"中	【Shift】+【Del】
将字体大小减小为上一个字体大小设置	【Ctrl】+小键盘【2】
将渐变填充应用到对象	【F11】
结合选择的对象	【Ctrl】+【L】
绘制矩形；双击该工具便可创建页框	【F6】
打开"轮廓笔"对话框	【F12】
打开"轮廓图工具卷帘"	【Ctrl】+【F9】

绘制螺旋形；双击该工具打开"选项"对话框中的"工具框"标签	【A】
启动"拼写检查器"；检查选定文本的拼写	【Ctrl】+【F12】
在当前工具和挑选工具之间切换	【Ctrl】+【Space】
取消选择对象或对象群组所组成的群组	【Ctrl】+【U】
显示绘图的全屏预览	【F9】
将选择的对象组成群组	【Ctrl】+【G】
删除选定的对象	【Del】
将选择对象上对齐	【T】
将字体大小减小为字体大小列表中上一个可用设置	【Ctrl】+ 小键盘【4】
转到上一页	【PageUp】
将镜头相对于绘画上移	【Alt】+【↑】
生成"属性栏"并对准可被标记的第一个可视项	【Ctrl】+【Backspace】
打开"视图管理器工具卷帘"	【Ctrl】+【F2】
在最近使用的两种视图质量间进行切换	【Shift】+【F9】
用"手绘"模式绘制线条和曲线	【F5】
使用该工具通过单击及拖动来平移绘图	【H】
按当前选项或工具显示对象或工具的属性	【Alt】+【Backspace】
刷新当前的绘图窗口	【Ctrl】+【W】
水平对齐选择对象的中心	【E】
将文本排列改为水平方向	【Ctrl】+【,】
打开"缩放工具卷帘"	【Alt】+【F9】
缩放全部的对象到最大	【F4】
缩放选定的对象到最大	【Shift】+【F2】
缩小绘图中的图形	【F3】
将填充添加到对象；单击并拖曳对象实现喷泉式填充	【G】
打开"透镜工具卷帘"	【Alt】+【F3】
打开"图形和文本样式工具卷帘"	【Ctrl】+【F5】
退出 CorelDRAW，并提示保存活动绘图	【Alt】+【F4】
绘制椭圆形和圆形	【F7】
绘制矩形组	【D】
将对象转换成网状填充对象	【M】
打开"位置工具卷帘"	【Alt】+【F7】
添加文本（单击添加"美术字"；拖曳添加"段落文本"）	【F8】
将选择对象下对齐	【B】
将字体大小增加为字体大小列表中的下一个设置	【Ctrl】+ 小键盘【6】
转到下一页	【PageDown】
将镜头相对于绘画下移	【Alt】+【↓】
包含指定线性标注线属性的功能	【Alt】+【F2】
添加 / 移除文本对象的项目符号（切换）	【Ctrl】+【M】
将选定对象按照对象的堆栈顺序放置到向后一个位置	【Ctrl】+【PageDown】
将选定对象按照对象的堆栈顺序放置到向前一个位置	【Ctrl】+【PageUp】
使用"超微调"因子向上微调对象	【Shift】+【↑】
向上微调对象	【↑】
使用"细微调"因子向上微调对象	【Ctrl】+【↑】
使用"超微调"因子向下微调对象	【Shift】+【↓】
向下微调对象	【↓】

使用"细微调"因子向下微调对象	【Ctrl】+【↓】
使用"超微调"因子向右微调对象	【Shift】+【←】
向右微调对象	【←】
使用"细微调"因子向右微调对象	【Ctrl】+【←】
使用"超微调"因子向左微调对象	【Shift】+【→】
向左微调对象	【→】
使用"细微调"因子向左微调对象	【Ctrl】+【→】
创建新绘图文档	【Ctrl】+【N】
编辑对象的节点；双击该工具打开"节点编辑卷帘窗"	【F10】
打开"旋转工具卷帘"	【Alt】+【F8】
打开设置 CorelDRAW 选项的对话框	【Ctrl】+【J】
打开"轮廓颜色"对话框	【Shift】+【F12】
给对象应用均匀填充	【Shift】+【F11】
显示整个可打印页面	【Shift】+【F4】
将选择对象右对齐	【R】
将镜头相对于绘画右移	【Alt】+【←】
再制选定对象并以指定的距离偏移	【Ctrl】+【D】
将字体大小增加为下一个字体大小设置	【Ctrl】+ 小键盘【8】
将"剪贴板"的内容粘贴到绘图中	【Ctrl】+【V】
将"剪贴板"的内容粘贴到绘图中	【Shift】+【Ins】
启动"这是什么？"帮助	【Shift】+【F1】
重复上一次操作	【Ctrl】+【R】
转换美术字为段落文本或反过来转换	【Ctrl】+【F8】
将选择的对象转换成曲线	【Ctrl】+【Q】
将轮廓转换成对象	【Ctrl】+【Shift】+【Q】
使用固定宽度、压力感应、书法式或预置的"自然笔"样式来绘制曲线	【I】
左对齐选定的对象	【L】
将镜头相对于绘画左移	【Alt】+【→】

文本编辑

显示所有可用 / 活动的 HTML 字体大小的列表	【Ctrl】+【Shift】+【H】
将文本对齐方式更改为不对齐	【Ctrl】+【N】
在绘画中查找指定的文本	【Alt】+【F3】
更改文本样式为粗体	【Ctrl】+【B】
将文本对齐方式更改为行宽的范围内分散文字	【Ctrl】+【H】
更改选择文本的大小写	【Shift】+【F3】
将字体大小减小为上一个字体大小设置	【Ctrl】+ 小键盘【2】
将文本对齐方式更改为居中对齐	【Ctrl】+【E】
将文本对齐方式更改为两端对齐	【Ctrl】+【J】
将所有文本字符更改为小型大写字符	【Ctrl】+【Shift】+【K】
删除文本插入记号右边的字	【Ctrl】+【Del】
删除文本插入记号右边的字符	【Del】
将字体大小减小为字体大小列表中上一个可用设置	【Ctrl】+ 小键盘【4】
将文本插入记号向上移动一个段落	【Ctrl】+【↑】
将文本插入记号向上移动一个文本框	【PageUp】

附录 CorelDRAW 快捷键

将文本插入记号向上移动一行	【↑】
添加 / 移除文本对象的首字下沉格式（切换）	【Ctrl】+【Shift】+【D】
选定"文本"标签，打开"选项"对话框	【Ctrl】+【F10】
更改文本样式为带下画线样式	【Ctrl】+【U】
将字体大小增加为字体大小列表中的下一个设置	【Ctrl】+ 小键盘【6】
将文本插入记号向下移动一个段落	【Ctrl】+【↓】
将文本插入记号向下移动一个文本框	【PageDown】
将文本插入记号向下移动一行	【↓】
显示非打印字符	【Ctrl】+【Shift】+【C】
向上选择一段文本	【Ctrl】+【Shift】+【↑】
向上选择一个文本框	【Shift】+【PageUp】
向上选择一行文本	【Shift】+【↑】
向上选择一段文本	【Ctrl】+【Shift】+【↑】
向上选择一个文本框	【Shift】+【PageUp】
向上选择一行文本	【Shift】+【↑】
向下选择一段文本	【Ctrl】+【Shift】+【↓】
向下选择一个文本框	【Shift】+【PageDown】
向下选择一行文本	【Shift】+【↓】
更改文本样式为斜体	【Ctrl】+【I】
选择文本结尾的文本	【Ctrl】+【Shift】+【PageDown】
选择文本开始的文本	【Ctrl】+【Shift】+【PageUp】
选择文本框开始的文本	【Ctrl】+【Shift】+【Home】
选择文本框结尾的文本	【Ctrl】+【Shift】+【End】
选择行首的文本	【Shift】+【Home】
选择行尾的文本	【Shift】+【End】
选择文本插入记号右边的字	【Ctrl】+【Shift】+【←】
选择文本插入记号右边的字符	【Shift】+【←】
选择文本插入记号左边的字	【Ctrl】+【Shift】+【→】
选择文本插入记号左边的字符	【Shift】+【→】
显示所有绘画样式的列表	【Ctrl】+【Shift】+【S】
将文本插入记号移动到文本开头	【Ctrl】+【PageUp】
将文本插入记号移动到文本框结尾	【Ctrl】+End
将文本插入记号移动到文本框开头	【Ctrl】+【Home】
将文本插入记号移动到行首	【Home】
将文本插入记号移动到行尾	【End】
将文本插入记号移动到文本结尾	【Ctrl】+【PageDown】
将文本对齐方式更改为右对齐	【Ctrl】+【R】
将文本插入记号向右移动一个字	【Ctrl】+【←】
将文本插入记号向右移动一个字符	【←】
将字体大小增加为下一个字体大小设置	【Ctrl】+ 小键盘【8】
显示所有可用 / 活动字体粗细的列表	【Ctrl】+【Shift】+【W】
显示一包含所有可用 / 活动字体尺寸的列表	【Ctrl】+【Shift】+【P】
显示一包含所有可用 / 活动字体的列表	【Ctrl】+【Shift】+【F】
将文本对齐方式更改为左对齐	【Ctrl】+【L】
将文本插入记号向左移动一个字	【Ctrl】+【→】
将文本插入记号向左移动一个字符	【→】

4-5

参考文献

［1］马仲岭.CorelDRAW 服装设计教程［M］.3 版.北京：人民邮电出版社，2013.

［2］吴训信.服装设计表现 CorelDRAW 表现技法［M］.北京：中国青年出版社，2015.

［3］数字艺术教育研究室.中文版 CorelDRAWX7 基础培训教程［M］.北京：人民邮电出版社，2016.

［4］丁雯.CorelDRAW 现代服装款式设计从入门到精通［M］.3 版.北京：人民邮电出版社，2016.